Bigalke | Köhler

Mathematik

Gymnasiale Oberstufe

Qualifikationsphase

Hilfsmittelfreie Aufgaben

Herausgegeben von
Dr. Anton Bigalke   Dr. Norbert Köhler

Erarbeitet von
Dr. Anton Bigalke
Dr. Norbert Köhler
Dr. Gabriele Ledworuski
Dr. Horst Kuschnerow

Cornelsen

Bigalke | Köhler

Mathematik

Redaktion: Dr. Ulf Rothkirch
Layout: Klein und Halm Grafikdesign, Berlin
Bildrecherche: Kai Mehnert

Grafik: Dr. Anton Bigalke, Waldmichelbach
Illustration: Detlev Schüler †, Berlin
Umschlaggestaltung: Klein und Halm Grafikdesign, Hans Herschelmann, Berlin
Technische Umsetzung: CMS – Cross Media Solutions GmbH, Würzburg

www.cornelsen.de

Dieses Werk enthält Vorschläge und Anleitungen für Untersuchungen und Experimente.
Vor jedem Experiment sind mögliche Gefahrenquellen zu besprechen.
Beim Experimentieren sind die Richtlinien zur Sicherheit im Unterricht einzuhalten.

Die Webseiten Dritter, deren Internetadressen in diesem Lehrwerk angegeben sind,
wurden vor Drucklegung sorgfältig geprüft. Der Verlag übernimmt keine Gewähr für
die Aktualität und den Inhalt dieser Seiten oder solcher, die mit ihnen verlinkt sind.

1. Auflage, 2. Druck 2022

Alle Drucke dieser Auflage sind inhaltlich unverändert
und können im Unterricht nebeneinander verwendet werden.

Druck: AZ Druck und Datentechnik GmbH, Kempten

ISBN 978-3-06-000442-3

PEFC zertifiziert
Dieses Produkt stammt aus nachhaltig
bewirtschafteten Wäldern und kontrollierten
Quellen.
www.pefc.de

PEFC/04-31-2260

Inhalt

Vorwort

Hilfsmittelfreie Aufgaben für die gymnasiale Oberstufe

In vielen Bundesländern wurde in den letzten Jahren im Fach Mathematik ein Prüfungsteil A eingeführt, dessen Aufgaben ohne Hilfsmittel (Formelsammlung, wissenschaftlicher Taschenrechner bzw. CAS) zu bearbeiten sind. Das bedeutet, dass bereits während der gesamten gymnasialen Oberstufe regelmäßig das Bearbeiten geeigneter Aufgaben ohne Hilfsmittel trainiert werden sollte. Mit dem Übergang in die gymnasiale Oberstufe wachsen auch die Anforderungen an die Lernenden, mehrschrittige Lösungswege und Argumentationen zu erstellen. Für die Einzelschritte bieten die Formelsammlung und die digitalen Hilfsmittel oftmals eine sinnvolle Unterstützung. Die Aufgabe, diese Einzelschritte sinnvoll zu kombinieren, müssen die Schülerinnen und Schüler aber weitgehend ohne Hilfsmittel bewältigen. Daher sind die hilfsmittelfreien Aufgaben auch ein Training für die Bewältigung mehrschrittiger Lösungswege und Argumentationen.

Die Kapitel I. bis III. dieser Aufgabensammlung bieten geeignete Aufgaben zur hilfsmittelfreien Bearbeitung. Diese Kapitel sind kleinteilig in Themenfelder untergliedert, z. B. Einführung des Ableitungsbegriffs, Anwendungen des Ableitungsbegriffs. Die Überschriften dieser Themenfelder ermöglichen einen zielgenauen Einsatz dieser Aufgaben zur kontinuierlichen Arbeit in der gymnasialen Oberstufe.

Hilfsmittelfreie Aufgaben zur unmittelbaren Abiturvorbereitung

Das Kapitel IV enthält gemischte Aufgaben zur Bearbeitung ohne Hilfsmittel aus den Gebieten Analysis, lineare Algebra/analytische Geometrie und Stochastik. Hier gibt es wie in der Abiturprüfung keine kleinteiligen Zwischenüberschriften innerhalb dieser Gebiete. Im Unterschied zu den realen Prüfungsaufgaben aus dem Prüfungsteil A wurde hier auf eine einheitliche Normierung auf fünf Bewertungseinheiten (Punkte) verzichtet.

Allgemeine mathematische Kompetenzen

Die Aufgabenstellungen bieten eine breite Auswahl hinsichtlich der allgemeinen mathematischen Kompetenzen K1 (Mathematisch Argumentieren), K2 (Probleme mathematisch lösen), K3 (Mathematisch modellieren), K4 (Mathematische Darstellungen verwenden), K5 (Mit symbolischen, formalen und technischen Elementen der Mathematik umgehen) und K6 (Mathematisch kommunizieren).

Inhaltsbezogene Kompetenzen

Ein kleiner Teil der Aufgaben ist aufgrund unterschiedlicher Vorgaben in den Lehrplänen nicht für jedes Bundesland bzw. nur für den Leistungskurs relevant. Hier ist die Lehrkraft gefordert, aus dem umfangreichen Angebot die inhaltlich passenden Aufgaben auszuwählen. Neben den inhaltsbezogenen Kompetenzen der gymnasialen Oberstufe erfordert die Bearbeitung der hilfsmittelfreien Aufgaben auch Grundkenntnisse aus der Sekundarstufe I.

I. Analysis

1. Potenzfunktionen und ganzrationale Funktionen

1. Begriffserläuterungen
Erklären Sie die folgenden Begriffe.
a) Potenzfunktion vom Grad n
b) Polynom vom Grad n
c) Grad eines Polynoms
d) Achsensymmetrie zur y-Achse
e) Punktsymmetrie zum Ursprung
f) Polynomdivision

2. Richtig oder falsch?
a) Ein Polynom dritten Grades kann drei Nullstellen haben.
b) Eine quadratische Funktion hat stets zwei Nullstellen.
c) Es gibt ein Polynom dritten Grades ohne Nullstellen.
d) Es gibt eine quadatische Funktion ohne Nullstellen.
e) Es gibt eine quadratische Funktion mit genau einer Nullstelle.

3. Zuordnen
Ordnen Sie jedem Graph die passende Funktionsgleichung zu. (1 Kästchen = 1 Einheit)

$A: f(x) = -x^3 + x$
$B: f(x) = \frac{1}{2}x^2 - 2$
$C: f(x) = (x - 1)^2$
$D: f(x) = x^2 - 2x$

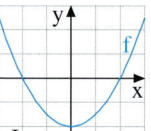 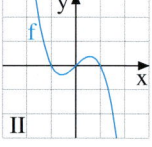 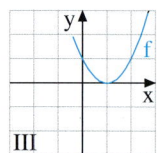 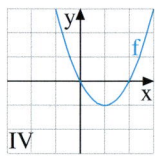

I   II   III   IV

4. Polynom dritten Grades
Gegeben ist die Funktion $f(x) = x^3 - 4x$.
a) Berechnen Sie die Nullstellen von f.
b) Untersuchen Sie f auf Symmetrie zum Ursprung bzw. zur y-Achse.
c) Geben Sie an, wie sich f für $x \to -\infty$ bzw. $x \to \infty$ verhält.
   Begründen Sie Ihre Aussagen stichhaltig.
d) Vervollständigen Sie die folgende Wertetabelle.
   Skizzieren Sie den Graphen von f.

x	−3	−2	−1	0	1	2	3
y							

5. Polynom mit gegebenen Nullstellen
Gesucht ist ein Polynom dritten Grades mit den Nullstellen $x = -1$, $x = 2$ und $x = 3$, welches außerdem durch den Punkt $P(1 \mid 2)$ geht.

6. Nullstellen
Bestimmen Sie die Nullstellen des folgenden Polynoms.
a) $f(x) = 2x^2 + 4x - 16$ (p-q-Formel)
b) $f(x) = x^3 - 2x^2 - 3x$ (Ausklammern)
c) $f(x) = x^3 - x^2 - 4x + 4$ (Pol.-Division)
d) $f(x) = (x - 2)^3 - 8$
e) $f(x) = x^4 - 8x^2 - 9$ (Ansatz: $x^2 = u$)
f) $f(x) = x^2 - ax$ (Parameterlösung)
g) $f(x) = (x^3 - 4x) \cdot (x^2 - 1)$ (Produkt)
h) $f(x) = x^2 + ax - 2a^2$ (Parameter)

2. Einführung des Ableitungsbegriffs

1. Mittlere Steigung

Gegeben ist die Funktion $f(x) = \frac{1}{2}x^2$.

a) Bestimmen Sie die mittlere Steigung von f auf dem Intervall [2; 4].

b) Für welchen Wert von b hat f auf dem Intervall [1; b] die mittlere Steigung m = 2?

2. Durchschnittsgeschwindigkeit

Ein Läufer stellt sich für 10 000 m folgenden Laufplan auf (siehe Tabelle).

Entfernung (km)	3	6	7,5	10
Zeit (min)	12	20	26	40

a) Ermitteln Sie die geplante Durchschnittsgeschwindigkeit (in km/h) für die Gesamtstrecke.

b) Geben Sie ein Zeitintervall an, in dem der Läufer überdurchschnittlich schnell sein möchte.

3. Grenzwertbestimmung mittels Termumformung oder h-Methode

Bestimmen Sie den Grenzwert durch Termumformung oder mit der h-Methode.

a) $\lim\limits_{x \to 4} \frac{3x^2 - 48}{x - 4}$

b) $\lim\limits_{x \to -3} \frac{2x^2 - 18}{x + 3}$

c) $\lim\limits_{x \to 1} \frac{x^3 - x}{1 - x^2}$

4. Ableitungsfunktion

Bestimmen Sie die Ableitungsfunktion f' von f.

a) $f(x) = 2x^5 - 4x^3$

b) $f(x) = \frac{1}{3}x^3 + 2x - 1$

c) $f(x) = (1 - x)(x - 2)$

d) $f(x) = \frac{2}{x}$

e) $f(x) = 2\sqrt{x}$

f) $f(x) = \frac{3}{2x} + x$

g) $f(x) = \frac{1}{\sqrt{2x}}$

h) $f(x) = \sqrt{\frac{1}{x}}$

i) $f(x) = \frac{x^3 - x^2 + 1}{2x}$

5. Funktion und Ableitung

Ordnen Sie jeder Funktion f die richtige Ableitungsfunktion f' zu.

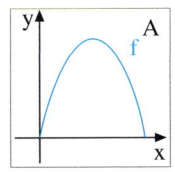 A 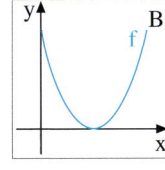 B 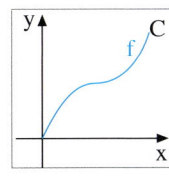 C 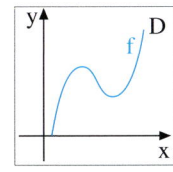 D

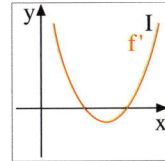 I 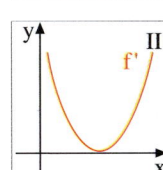 II 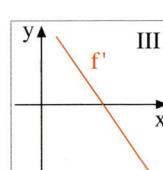 III 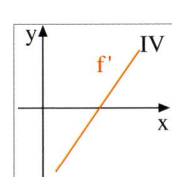 IV

6. Die Ableitungsfunktion als Grenzwert des Differenzenquotienten

Bestimmen Sie die Ableitungsfunktion f' durch Anwendung der Formel $f'(x) = \lim\limits_{h \to 0} \frac{f(x+h) - f(x)}{h}$.

a) $f(x) = \frac{1}{3}x^2$

b) $f(x) = x^2 + x$

c) $f(x) = \sqrt{x}$

7. Lokale Steigungen

Untersuchen Sie, an welchen Stellen f die Steigung m hat.

a) $f(x) = \frac{1}{3}x^3 - 3x$, $m = 1$ b) $f(x) = \sqrt{x}$, $m = 2,5$

c) $f(x) = \frac{1}{x} - 2x$, $m = -3$ d) $f(x) = \frac{3}{2x} + x$, $m = \frac{1}{3}$

8. Parallelstellen zweier Graphen

Ermitteln Sie, an welcher Stelle die Graphen von f und g die gleiche lokale Steigung haben.

a) $f(x) = \frac{1}{4}x^2$, $g(x) = 2x$ b) $f(x) = 2x^3 + 3$, $g(x) = 24x$

c) $f(x) = \sqrt{x}$, $g(x) = 1 + x$ d) $f(x) = \frac{1}{2x}$, $g(x) = -\frac{1}{8}x + 3$

9. Wo steckt der Fehler?

Die Ableitung wurde falsch gebildet. Wo stecken Fehler?

a) $f(x) = 2x^5 - 3x^3 + 2x$ b) $f(x) = \frac{3}{x} + x^2 - 2$

     $f'(x) = 10x - 6x^2 + 2$ $f'(x) = \frac{3}{x^2} + 2x - 2$

c) $f(x) = \sqrt{2x} - \frac{3}{2}x$ d) $f(x) = \frac{1}{x} + \frac{1}{x^2}$

     $f'(x) = \frac{1}{\sqrt{x}} - 3x$ $f'(x) = \frac{1}{x^2} - \frac{1}{x^3}$

10. Ableitungsgraphen skizzieren

Übertragen Sie den Graphen der Funktion f vergrößert in ihr Heft (kariertes Papier) und skizzieren Sie dann den ungefähren Verlauf des Graphen der Ableitungsfunktion f'.

a) 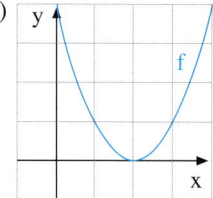   b) 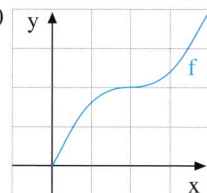   c)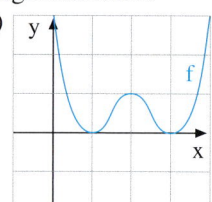

11. Tangentenbestimmung

Bestimmen Sie die Gleichung der Tangente an den Graphen von f an der Stelle x_0.

a) $f(x) = \frac{1}{2}x^2 + 1$, $x_0 = 2$ b) $f(x) = \sqrt{x} + 2$, $x_0 = 4$

12. Normalenbestimmung

Bestimmen Sie die Gleichung der Normalen an den Graphen von f an der Stelle x_0.

a) $f(x) = x^2 - 4$, $x_0 = 2$ b) $f(x) = \frac{1}{2x} - 1$, $x_0 = 0,5$

13. Stellen mit waagerechter Tangente

Untersuchen Sie, an welchen Stellen der Graph von f waagerechte Tangenten hat.

a) $f(x) = 2(x-1)^2$ b) $f(x) = x^3 - \frac{3}{2}x^2 + 2$ c) $f(x) = \frac{1}{x} - \frac{1}{x^2}$

3. Anwendungen des Ableitungsbegriffs

1. Rekonstruktionen

a) Der Graph einer quadratischen Funktion f geht durch den Ursprung und hat bei x = 1 die Tangente t(x) = 2x − 0,5. Bestimmen Sie die Funktionsgleichung von f.

b) Eine Parabel schneidet die Koordinatenachsen bei x = 1, x = 3 und y = −6. Stellen Sie die Funktionsgleichung der Parabel auf.

b) Eine Parabel hat die Nullstellen x = 1 und x = 5. Die Nullstellentangenten schneiden sich im Punkt S(3|−2). Stellen Sie die Funktionsgleichung der Parabel auf.

2. Monotonie und Krümmung

Gegeben ist der abgabildete Graph f', auf dem Intervall I = [0; 6].

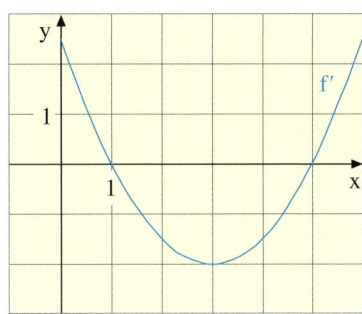

a) Beschreiben Sie das Monotonieverhalten von f auf dem Intervall I.

b) Wo ist f rechts- bzw. linksgekrümmt?

c) Wo ändert sich das Krümmungsverhalten von f?

d) Welche Steigung hat f im Wendepunkt?

3. Krümmungsverhalten

Untersuchen Sie rechnerisch, wo die Funktion f rechts- bzw. linksgekrümmt ist. Wo ändert sich das Krümmungsverhalten von f?

a) $f(x) = x^2 − 4x + 2$ b) $f(x) = \frac{1}{2}x^3 + 3x^2$ c) $f(x) = −\frac{1}{3}x^3 + x^2 − 1$

d) $f(x) = x^3 − 3x^2$ e) $f(x) = \frac{1}{4}x^4 − 6x^2 + 1$ f) $f(x) = 2x^4 − 3x^2$

4. Waagerechte Tangenten

Begründen Sie zunächst, dass f an den angegebenen Stellen waagerechte Tangenten besitzt. Untersuchen Sie dann, ob es sich dabei um einen Hoch-, Tief- oder Sattelpunkt handelt.

a) $f(x) = 2x^3 − 1$,   x = 0   b) $f(x) = \frac{1}{2}x^4 + 4$,   x = 0

c) $f(x) = \frac{1}{3}x^3 − x$,   x = −1, x = 1   d) $f(x) = \frac{1}{4}x^4 − \frac{2}{3}x^3 + \frac{1}{2}x^2$,   x = 0, x = 1

5. Extremalprobleme

Ein achsenparalleles Rechteck mit einer Ecke im Ursprung und der gegenüberliegenden Ecke P auf dem Graphen von f im 1. Quadranten soll maximalen Inhalt haben. Bestimmen Sie die x-Koordinate von P.

a) $f(x) = −x^2 + 4x$ b) $f(x) = 1,5 − \sqrt{x}$

6. Tangenten und Normalen

Bestimmen Sie die Gleichungen von Tangente und Normale in den angegebenen Stellen.

a) $f(x) = −x^2 + 4x$, Tangente bei x = 4, Normale bei x = 0

b) $f(x) = x^4 − x^2$, Tangente bei x = 1, Normale bei x = 1

4. Exponentialfunktionen

1. Zuordnung

Ordnen Sie jeder Funktion f den passenden
Graphen zu. Begründen Sie Ihre Wahl.

I. $f(x) = e^{-x}$

II. $f(x) = e^x + e^{-x}$

III. $f(x) = x \cdot e^{-x}$

IV. $f(x) = (x + 1) \cdot e^x$

V. $f(x) = 3x - e^x$

VI. $f(x) = -e^{-x^2}$

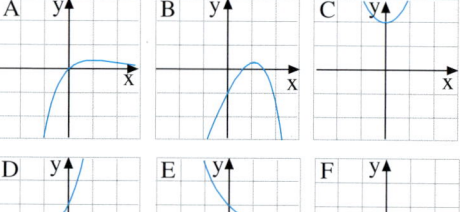

2. Ableitungen

Berechnen Sie die Ableitung f'.

a) $f(x) = e^{-0,5x}$ b) $f(x) = 2e^{-0,5x^2}$ c) $f(x) = x \cdot e^{-0,5x}$ d) $f(x) = e^x - e^{2x}$

e) $f(x) = \dfrac{e^{2x+1}}{e^{-x}}$ f) $f(x) = e^{-x^2}$ g) $f(x) = \dfrac{x^3}{e^{-x}}$ h) $f(x) = \sqrt{x} \cdot e^{-x}$

i) $f(x) = (e^x)^2$ j) $f(x) = \sqrt{e^x}$ k) $f(x) = x \cdot e^x$ l) $f(x) = e^x \cdot e^{-x}$

3. Richtig oder falsch

a) $f(x) = e^{-x^2}$ ist streng monoton fallend.

b) $f(x) = e^{-x^2}$ hat ein Maximum.

c) $f(x) = (x^2 - 1) \cdot e^{-0,5x}$ hat die Ableitung $f'(x) = (-0,5x^2 + 2x - 0,5) \cdot e^{-x}$.

d) $f(x) = x \cdot e^{-x}$ schmiegt sich für $x \to \infty$ an die x-Achse an.

e) $f(x) = e^x$ hat an der Stelle $x = 0$ die Tangente $y = 1 + x$.

4. Medikamententest

Ein pharmazeutisches Unternehmen
prüft ein neues Medikament, welches in
Tablettenform eingenommen wird.
Die Wirkstoffkonzentration im Blut
kann durch die Funktion $f(t) = 6t \cdot e^{-0,5t}$
beschrieben werden, wobei t die Zeit in
Stunden ist.

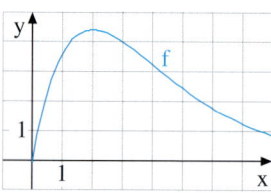

a) Zeigen Sie, dass f die Ableitung $f'(t) = (-3t + 6) \cdot e^{-0,5t}$ besitzt.

b) Berechnen Sie den Zeitpunkt t, zu dem die maximale Konzentration erreicht wird.

c) Untersuchen Sie f auf Wendestellen (notwendige und hinr. Bedingung anwenden).

d) Beschreiben Sie die praktische Bedeutung der Wendestelle bei diesem Prozess.

5. Tangente und Normale

Gegeben ist die Funktion $f(x) = x^2 + e^{-x}$.
Bestimmen Sie die Tangente t und die Normale n von f an der Stelle $x = 0$.

5. Logarithmus- und Wurzelfunktionen

1. Zuordnung Graph/Gleichung

Ordnen Sie jedem Graphen die passende Funktionsgleichung zu.

A: $f(x) = \ln x$ B: $f(x) = \ln(x^2)$

C: $f(x) = \ln(-x)$ D: $f(x) = (\ln x)^2$

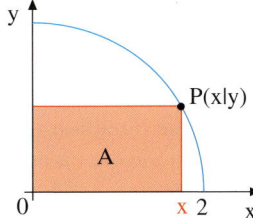

2. Ableitungsfunktion

Gegeben ist die Funktion $f(x) = x \cdot \ln(x^2)$.

a) Geben Sie die Definitionsmenge von f an.

b) Bestimmen Sie die Ableitung f'.

c) Untersuchen Sie, an welchen Stellen der Graph von f die Steigung 2 hat.

3. Funktionsuntersuchung

Gegeben ist die Funktion $f(x) = x \cdot \ln\left(\frac{1}{\sqrt{x}}\right)$.

a) Geben Sie die Definitionsmenge von f an.

b) Vereinfachen Sie den Funktionsterm mit Hilfe der Rechengesetze für Logarithmen und bestimmen Sie die Ableitung f'.

c) Untersuchen Sie f auf Nullstellen sowie auf Extrem- und Wendestellen.

d) Beschreiben Sie das Verhalten von f für $x \to \infty$.

e) Eine Gerade g mit der Steigung $m = -\frac{1}{2}$ berührt den Graphen von f in einem Punkt $P(x|f(x))$. Ermitteln Sie die Koordinaten des Punktes P und die Gleichung der Geraden g.

4. Funktionsuntersuchung

Gegeben ist die Funktion $f(x) = (x - 2) \cdot \sqrt{x}$.

a) Geben Sie die Definitionsmenge von f an und bestimmen Sie f', f'' und f'''.

b) Untersuchen Sie f auf Nullstellen und Extrema. Zeigen Sie, dass f keine Wendestelle hat.

c) Begründen Sie, dass $\lim\limits_{x \to \infty} f(x) = \infty$ gilt.

d) Skizzieren Sie den prinzipiellen Verlauf des Graphen von f.

5. Tangente und Normale

Bestimmen Sie die Gleichung der Tangente / Normale an den Graphen von f an der Stelle x_0.

a) $f(x) = x^2 \cdot \sqrt{x - 1}$, $x_0 = 5$ b) $f(x) = \ln(x^2 - 2x + 1)$, $x_0 = 2$

       Tangente   Normale

6. Maximales Rechteck

Gegeben ist die Funktion $f(x) = \sqrt{4 - x^2}$. Der Punkt $P(x|y)$ liegt auf dem Graphen von f. Er ist der obere rechte Eckpunkt eines achsenparallelen Rechtecks. Die schräg gegenüberliegende Ecke ist der Ursprung (s. Abb). Wie muss x gewählt werden, damit der Inhalt des Rechtecks maximal wird?

7. Schnittpunkt

Gegeben sind die Funktionen $f(x) = \ln x$ und $g(x) = 1 - \ln x$.

a) Skizzieren Sie die Graphen von f und g in ein Koordinatensystem.

b) Bestimmen Sie den Schnittpunkt von f und g.

c) Welche Steigungen besitzen die Graphen von f und g im Schnittpunkt?

8. Logarithmusfunktion

Gegeben ist die Funktion $f(x) = 2 \ln(2x + 4)$.

a) Bestimmen Sie die Definitionsmenge von f.

b) Berechnen Sie die Ableitungen f' und f''.

c) Begründen Sie, dass f weder Extrema noch Wendepunkte besitzt.

d) Bestimmen Sie die einzige Nullstelle von f.

e) Beschreiben Sie, wie sich f für $x \to \infty$ bzw. $x \to -2$, $x > -2$ verhält.

f) An welcher Stelle hat f den Funktionswert 2?

g) Wo schneidet die Nullstellentangente die y-Achse?

9. Schnittpunkt und Schnittwinkel

Gegeben sind die Funktionen $f(x) = 2 \ln x$ und $g(x) = 2 \ln(4 - x)$.

a) Fertigen Sie eine grobe Skizze zum Verlauf der beiden Graphen in einem gemeinsamen Koordinatensystem an.

b) Bestimmen Sie die Schnittstelle von f und g.

c) Zeigen Sie: Der Schnittwinkel von f und g beträgt 90°.

10. Tangente und Normale

Gegeben ist die Funktion $f(x) = \sqrt{x}$.

a) Bestimmen Sie die Gleichung der Tangente t und die Gleichung der Normalen n von f an der Stelle $x = \frac{1}{4}$.

b) Tangente t und Normale n umschließen zusammen mit den Koordinatenachsen ein Flächenstück A. Bestimmen Sie den Flächeninhalt von A.

11. Parameterbestimmung

Gegeben sind die Funktionen $f(x) = \sqrt{x}$ und $g(x) = ax^2 + bx$ (s. Abb.).

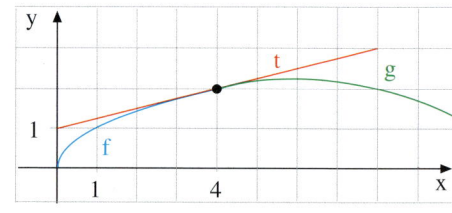

a) Bestimmen Sie die Parameter a und b so, dass f und g bei $x = 4$ glatt, d. h. ohne Knick, ineinander übergehen.

b) Bestimmen Sie die Gleichung der gemeinsamen Tangente von f und g.

c) Ermitteln Sie, mit welchen Steigungen der Graph von g die x-Achse schneidet.

12. Parameterbestimmung

Gegeben ist die Funktion $f(x) = 2\sqrt{ax - 4} + b$, $a, b > 0$.

a) Bestimmen Sie die Parameter a und b so, dass der Steigungswinkel von f im Punkt $P(4|5)$ 45° beträgt.

b) Bestimmen Sie die Definitionsmenge sowie die Wertemenge von f.

6. Trigonometrische Funktionen

1. Rechnen Sie das Gradmaß α in das Bogenmaß x um und umgekehrt.

a) $\alpha = 270°$ b) $x = \frac{3}{4}\pi$ c) $\alpha = 30°$

d) $x = \frac{\pi}{4}$ e) $\alpha = 18°$ f) $x = 2$

2. Graphen

Skizzieren Sie die Graphen der folgenden Funktionen über ein Periodenintervall.

a) $f(x) = \sin(\pi x)$ b) $f(x) = 2 - \cos\left(\frac{1}{2}x\right)$ c) $f(x) = 2\cos(-\pi x - \pi)$

d) $f(x) = 2\sin(4 - x)$ e) $f(x) = 2\cos\left(\frac{\pi}{6}(x - 3)\right)$ f) $f(x) = 4 - 3\sin\left(\frac{\pi}{4}x\right)$

g) $f(x) = 3\sin x - 1$ h) $f(x) = -\cos\left(\frac{1}{4}x\right)$ i) $f(x) = 2\sin(\pi x - \pi)$

3. Ableiten trigonometrischer Funktionen

Berechnen Sie die ersten beiden Ableitungen f' und f''.

a) $f(x) = -\sin(-x)$ b) $f(x) = \sin(2x) + x$ c) $f(x) = \frac{1}{2}\cos(4x)$

d) $f(x) = \sin(3x - 5)$ e) $f(x) = \cos x + \sin x$ f) $f(x) = x \cdot \sin x$

g) $f(x) = x \cdot \sin(2x)$ h) $f(x) = \sin x \cdot \cos x$ i) $f(x) = \left(\sin\left(\frac{1}{2}x\right)\right)^2$

j) $f(x) = x + \cos\left(\frac{\pi}{2}x\right)$ k) $f(x) = -2\cos(x^2)$ l) $f(x) = 2\sin\left(\frac{1}{2}x\right) \cdot e^{-0,5x}$

4. Extrema und Wendepunkte

Weisen Sie nach, dass der Punkt P ein Extrempunkt bzw. ein Wendepunkt ist. Klären Sie, ob es sich um einen Hoch- oder Tiefpunkt bzw. einen L-R- oder R-L-Wendepunkt handelt.

a) $f(x) = 4\cos(x - \pi)$, $P(1{,}5\pi \mid 0)$ b) $f(x) = 2\cos\left(\frac{\pi}{2}x - \pi\right) + 1$, $P(2\mid 3)$

c) $f(x) = \sin(0{,}25\pi x - 0{,}5\pi) + 1$, $P(4\mid 2)$ d) $f(x) = 2\sin(-0{,}5x + 0{,}5\pi) + 1$, $P(3\pi \mid 1)$

5. Extrema und Wendepunkte

Bestimmen Sie die Hoch- und Tiefpunkte sowie die Wendepunkte im angegebenen Intervall. Fertigen dazu eine Skizze an und entnehmen sie die gesuchten Punkte aus der Graphik.

a) $f(x) = \frac{1}{2} \cdot \cos x + 1$, $\quad 0 \le x \le 3\pi$ b) $f(x) = 2\cos x - 1$, $\quad 0 \le x \le 2\pi$

6. Tangente und Normale

a) Gesucht ist die Tangente von $f(x) = \frac{1}{2}\cos(2x - 1)$ im ersten Wendepunkt von f für $x > 0$.

b) Bestimmen Sie die Gleichung der Normalen von $f(x) = \cos(2x)$ an der Stelle $x_0 = \frac{\pi}{4}$.

Knobelaufgabe II

Auf ein Quadrat mit der Seitenlänge 100 cm werden fünf Dartpfeile geworfen. Begründen Sie:
Zwei der Pfeile haben einen Abstand voneinander, der kleiner als 71 cm ist.

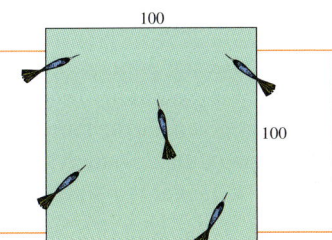

7. Graphen
Geben Sie eine mögliche Funktionsgleichung der abgebildeten Funktion f an.

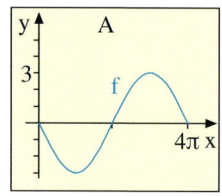
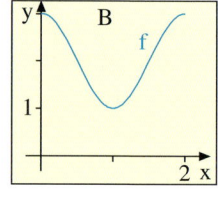
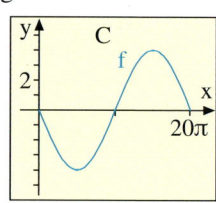

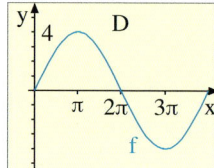
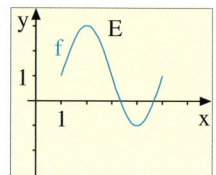
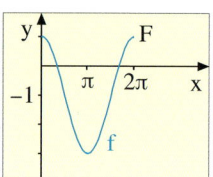

8. Parameterbestimmung
Die rechts abgebildete Funktion f soll auf zwei
Arten dargestellt werden.
a) $f(x) = A \cos(B x + C) + D$
b) $f(x) = A \sin(B x + C) + D$
Bestimmen Sie jeweils die Parameter A bis D.

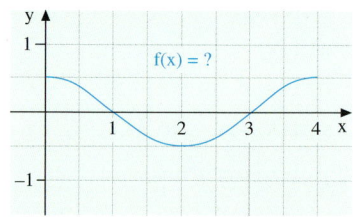

9. Modifikation von Funktionen
Die Funktion $f(x) = \sin x$ wird durch veränderte Koeffizienten zur Funktion g modifiziert.
Beschreiben Sie verbal die graphischen Auswirkungen der Modifikation.
a) $g(x) = 2{,}5 \sin x$ b) $g(x) = \cos x - 1$ c) $g(x) = \sin(x + \pi)$
d) $g(x) = \cos(2 x)$ e) $g(x) = -2 \sin x$ f) $g(x) = \sin(2 x + 6)$

10. Riesenrad
Ein Riesenrad hat einen Durchmesser
von 80 m. Die Passagiere steigen ganz
unten ein, auf einer Plattform in 2 m
Höhe über dem Boden. Der Korb des
Riesenrades dreht sich nach dem Ein-
steigen der Passagiere mit einer Ge-
schwindigkeit von 2 m/s. In welcher
Höhe befindet sich der Korb nach 5
Minuten Fahrt?

11. Die tägliche Sonnenscheindauer in einer Stadt im Laufe eines Jahres wird durch die Funktion
$s(t) = a \cdot \sin(b t + c) + d$ beschrieben (t in Tage, s in Stunden, $0 \le t \le 364$).
Bestimmen Sie die Parameter a, b, c und d durch Verwendung folgender Zusatzinformationen:
Die maximale Sonnenscheindauer beträgt 14 Stunden, die minimale Dauer beträgt 6 Stunden.
Am 1. Januar (t = 0) beträgt die Sonnenscheindauer 10 Stunden (Nordhalbkugel).

7. Einführung in die Integralrechnung

1. Untersummen und Obersummen

Zeichnen Sie den Graphen von

$f(x) = -\frac{1}{2}x^2 + 2$ für $0 \le x \le 2$

(Maßstab: 1 LE = 4 cm).

Zeichnen Sie die Untersumme U_4 und die Obersumme O_4 ein.

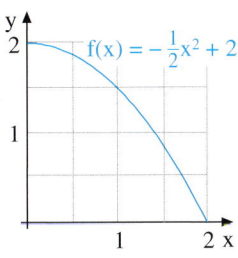

2. Stammfunktion

Geben Sie jeweils eine Stammfunktion von f an.

a) $f(x) = x^3$ b) $f(x) = 6x^2$ c) $f(x) = x^{-2}$ d) $f(x) = \frac{4}{x^3}$

e) $f(x) = e^x$ f) $f(x) = \sin x$ g) $f(x) = 4e^{2x}$ h) $f(x) = \cos(\pi x)$

3. Unbestimmte Integrale

Berechnen Sie das unbestimmte Integral.

a) $\int (x^2 + 2x)\,dx$ b) $\int e^{-x}\,dx$ c) $\int \sin(\pi x)\,dx$ d) $\int e^{0,5x}\,dx$

4. Bestimmte Integrale

Berechnen Sie das bestimmte Integral.

a) $\int_0^2 (x + 2)\,dx$ b) $\int_1^3 x^2\,dx$ c) $\int_0^1 e^x\,dx$ d) $\int_1^4 x^{-0,5}\,dx$

e) $\int_1^4 \sqrt{x}\,dx$ f) $\int_1^2 e^{-x}\,dx$ g) $\int_0^\pi \sin x\,dx$ h) $\int_1^e \frac{1}{x}\,dx$

5. Flächenbilanz

Gegeben ist die Funktion $f(x) = 4 - x^2$. Der Graph von f schließt mit der x-Achse die Flächen A_1 und A_2 ein.

a) Stellen Sie die Flächeninhalte von A_1 und A_2 mit Hilfe bestimmter Integrale dar.

b) Berechnen Sie den Parameter $b > 0$ so, dass $\int_{-2}^b f(x)\,dx = 0$ ist.

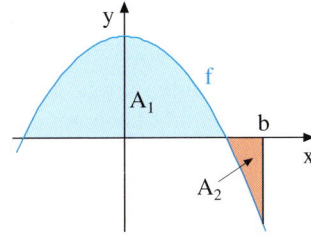

6. Wo steckt der Fehler?

a) $\int (3x - 1)^2\,dx = \frac{(3x-1)^3}{3} + C$ b) $\int e^{x+2}\,dx = \frac{e^{x+3}}{3} + C$

c) $\int (3x^2 + 2a)\,dx = x^3 + a^2 + C$ d) $\int (2e^{2x} + 6x)\,dx = 4e^{2x} + 3x^2 + C$

8. Anwendungen der Integralrechnung

1. Fläche unter einer Kurve
Gegeben sind die Funktionen $f(x) = -x^3 + 4x$ und $g(x) = x \cdot e^{-x}$.
a) Berechnen Sie die Nullstellen von f sowie den Inhalt der Fläche A, die vom Graphen von f und der x-Achse eingeschlossen wird.
b) Zeigen Sie, dass $G(x) = (-x - 1) \cdot e^{-x}$ eine Stammfunktion von g ist. Berechnen Sie dann den Inhalt der Fläche A unter dem Graphen von g über dem Intervall [0; 2] angenähert. Sie können dabei verwenden, dass $\frac{1}{e^2} \approx 0,14$ gilt.

2. Fläche zwischen Funktion und Koordinatenachsen
Gegeben ist die Funktion $f(x) = \frac{1}{8}(x - 4)^2 \cdot (x + 1)$. Diese Funktion schließt zusammen mit den beiden Koordinatenachsen im 1. Quadranten ein Flächenstück A ein.
a) Bestimmen Sie die Nullstellen von f. Welche Nullstelle ist einen doppelte Nullstelle?
b) Skizzieren Sie den Graphen von f für $-2 \leq x \leq 5$.
c) Berechnen Sie den Inhalt von A.

3. Schnittflächen
Gegeben sind die Funktionen $f(x) = 4 - x^2$ und $g(x) = x + 2$.
a) Zeigen Sie, dass f und g sich bei $x = -2$ und $x = 1$ schneiden.
b) Skizzieren Sie die Graphen von f und g für $-3 \leq x \leq 2$.
c) Berechnen Sie den Inhalt der Fläche A, welche von f und g umschlossen wird.

4. Interpretation bestimmter Integrale
a) Berechnen Sie das bestimmte Integral $\int_0^3 (3x^2 - 6x)\,dx$.

b) Interpretieren Sie das Resultat aus a) anschaulich. Fertigen Sie dazu eine Skizze an.

5. Richtig oder falsch?
Geben Sie an, welche der folgenden Aussagen richtig sind.
(A) Das bestimmte Integral von f über dem Intervall [a; b] gibt den Inhalt der Fläche A unter dem Graphen von f über dem Intervall [a; b] an.
(B) Das bestimmte Integral kann als Flächenbilanz interpretiert werden.
(C) Eine Funktion f kann nur eine Stammfunktion haben.
(D) Schnittflächen zweier Funktionen können mit der Differenzfunktion bestimmt werden.
(E) Ein bestimmtes Integral kann nicht den Wert null annehmen.
(F) Leitet man eine Stammfunktion von f ab, so erhält man die Funktion f.

6. Uneigentliche Integrale von Exponential- und Logarithmusfunktion
Der Graph der Funktion $f(x) = e^x$ schließt im 2. Quadranten mit den Koordinatenachsen eine unbegrenzte Fläche A_f ein. Der Graph der Funktion $g(x) = \ln x$ schließt im 4. Quadranten mit den Koordinatenachsen eine unbegrenzte Fläche A_g ein.
a) Skizzieren Sie die beiden Graphen.
b) Berechnen Sie den Inhalt von A_f.
c) Leiten Sie aus dem Inhalt von A_f den Inhalt von A_g her.

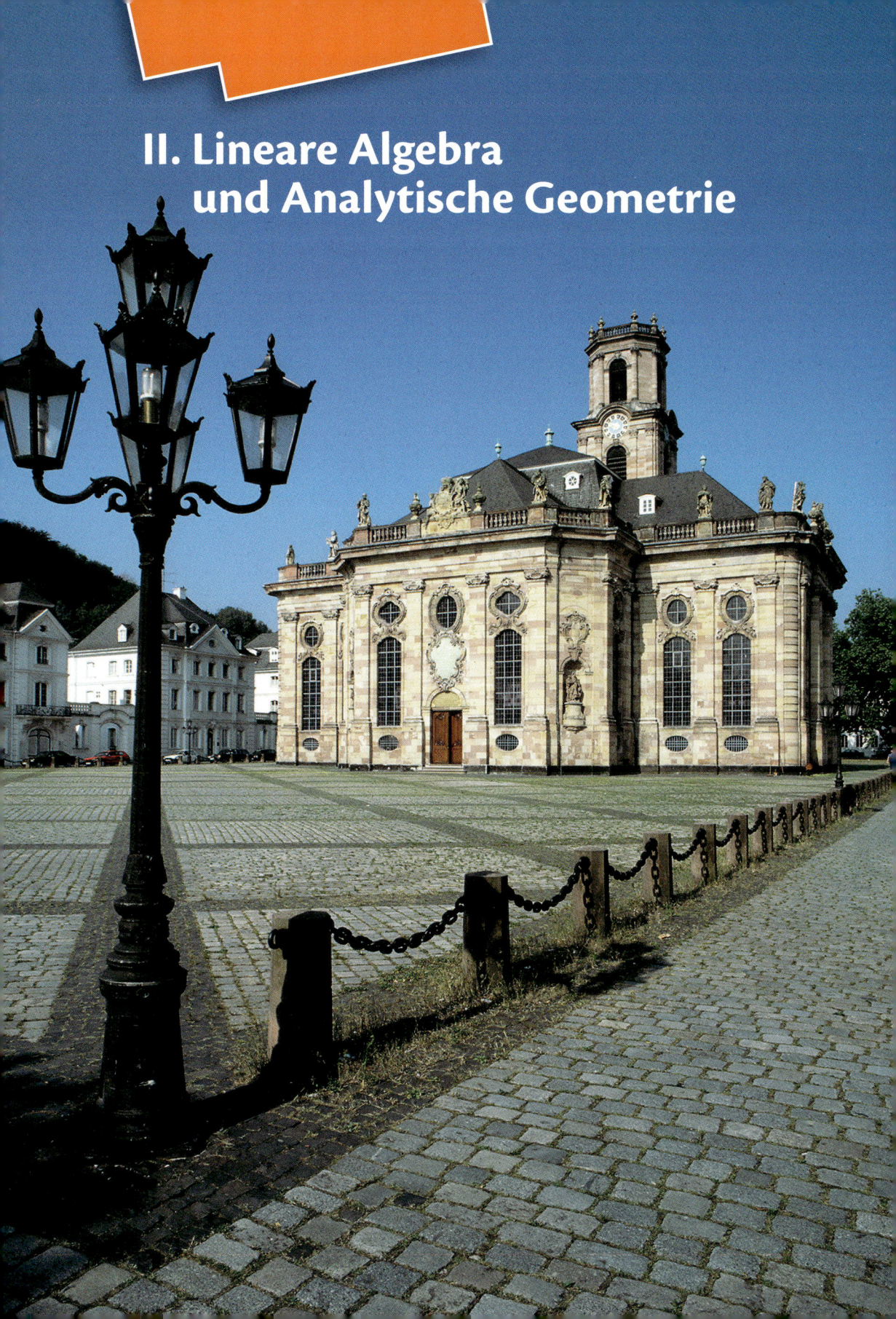

II. Lineare Algebra und Analytische Geometrie

1. Lineare Gleichungssysteme

1. Graphik

Die einzelnen Gleichungen eines linearen Gleichungssystems mit zwei Variablen können graphisch als Geraden im zweidimensionalen Koordinatensystem gedeutet werden. Entscheiden Sie, welche der vier Zeichnungen das gegebene lineare Gleichungssystem graphisch darstellen. Begründen Sie Ihre Entscheidung.

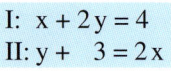

$$\text{I:} \ x + 2\,y = 4$$
$$\text{II:} \ y + \ 3 = 2\,x$$

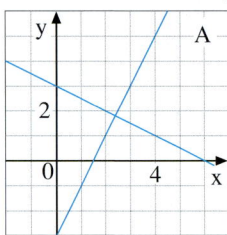 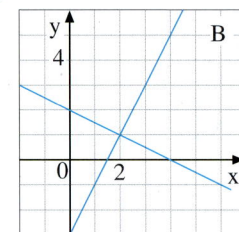 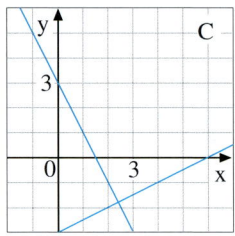 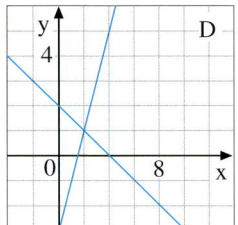

2. Schnelle Lösung

Lösen Sie das lineare Gleichungssystem auf einem möglichst einfachen und schnellen Weg. Notieren Sie Ihre Lösungsschritte sorgfältig.

$$\text{I:} \quad x + \ y = 3 + z$$
$$\text{II:} \quad \ 2\,y + 1 = 5$$
$$\text{III:} \quad \ y + z = 5$$

3. Unlösbar

Gegeben sind zwei lineare Gleichungssysteme. Genau eines davon ist unlösbar. Entscheiden Sie, welches System unlösbar ist. Begründen Sie Ihre Entscheidung stichhaltig.

System A	**System B**
I: $\quad 2\,x + 2\,y + z = 6$ II: $-2\,y + \ x = 1$ III: $\quad z + 3\,x = 6$	I: $\quad 2\,x + 2\,y + z = 10$ II: $-2\,y + \ x = \ 0$ III: $\quad z + 3\,x = 10$

4. Gauß-Algorithmus

a) Formen Sie das LGS so um, dass es Dreiecksform besitzt.

$$x \ -4\,y \ + 3\,z = 3$$
$$2\,x - 6\,y \ + 4\,z = 4$$
$$3\,x - 10\,y + 8\,z = 9$$

b) Lösen Sie das lineare Gleichungssystem.

$$3\,x + z - 10 = -2\,y$$
$$4\,y - 2 \ = 2\,z$$
$$3\,z - 12 \ = -3\,z$$

5. Unlösbar

Gegeben ist ein lineares Gleichungssystem.
Ermitteln Sie denjenigen Wert des Parameters a, für den das Gleichungssystem keine Lösung hat.

$$\text{I:} \ 2\,x - \ y = 2$$
$$\text{II:} \ 4\,x - a\,y = 6$$

2. Vektoren

1. Pyramide

In einem kartesischen Koordinatensystem ist die gerade Pyramide ABCDS gegeben.
Die Seitenlänge der quadratischen Grundfläche ist 4, die Höhe der Pyramide ist 3.

a) Geben Sie mögliche Koordinaten der Eckpunkte der Pyramide an.

b) Skizzieren Sie ein Schrägbild der Pyramide im Koordinatensystem.

c) Mindestens einer der Eckpunkte soll so verschoben werden, dass sich das Volumen der Pyramide verdoppelt. Dafür gibt es mehrere Möglichkeiten. Geben Sie für zwei dieser Möglichkeiten jeweils die Koordinaten der verschobenen Eckpunkte an und begründen Sie Ihre Angabe.

2. Betrag eines Vektors

a) Untersuchen Sie, welcher der Vektoren $\vec{a}$ oder $\vec{b}$ den längeren Pfeil hat.

b) Bestimmen Sie die fehlende Koordinate x so, dass der Pfeil $\overrightarrow{AB}$ die Länge 15 hat.

$$\vec{a} = \begin{pmatrix} 1 \\ 4 \\ 8 \end{pmatrix} \quad \vec{b} = \begin{pmatrix} 4 \\ 4 \\ 7 \end{pmatrix} \quad \vec{c} = \begin{pmatrix} 2 \\ 6 \\ 9 \end{pmatrix}$$

$$\overrightarrow{AB} = \begin{pmatrix} 2 \\ x \\ 11 \end{pmatrix}$$

3. Dreieck

In einem Koordinatensystem sind die Punkte A (1|2|3), B (2|7|6) und C (−3|2|2) gegeben.

a) Weisen Sie nach, dass A, B und C die Eckpunkte eines Dreiecks sind.

b) Überprüfen Sie, ob das Dreieck ABC gleichschenklig oder rechtwinklig ist.

c) Ergänzen Sie ABC durch Hinzunahme eines Punktes D zum Parallelogramm ABCD.

4. Sechseck

Im abgebildeten Sechseck sollen die Vektoren $\vec{a}$ und $\vec{b}$ verwendet werden, um weitere Vektoren als Linearkombination von $\vec{a}$ und $\vec{b}$ darzustellen. Stellen Sie so die Vektoren $\vec{c}$, $\vec{d}$, $\vec{e}$, $\vec{f}$ und g mit Hilfe von $\vec{a}$ und $\vec{b}$ dar.

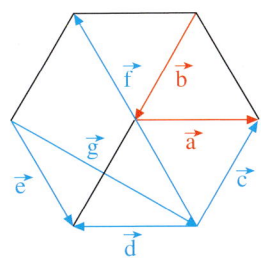

5. Linear abhängig oder linear unabhängig

Prüfen Sie, ob die angegebenen Vektoren linear abhängig oder linear unabhängig sind.

a) $\begin{pmatrix} 3 \\ -2 \\ 4 \end{pmatrix}, \begin{pmatrix} -6 \\ 4 \\ -12 \end{pmatrix}$ b) $\begin{pmatrix} 1 \\ 4 \\ -2 \end{pmatrix}, \begin{pmatrix} 1 \\ 4 \\ -4 \end{pmatrix}, \begin{pmatrix} -2 \\ -8 \\ 3 \end{pmatrix}$ c) $\begin{pmatrix} 3 \\ 2 \\ -1 \end{pmatrix}, \begin{pmatrix} 5 \\ -1 \\ 2 \end{pmatrix}, \begin{pmatrix} 4 \\ 5 \\ -5 \end{pmatrix}$

6. Parallelogramm

Gegeben sind die Punkte A $(4|3|0)$, B $(6|6|6)$, C $(2|3|6)$ und D $(0|0|0)$ eines Vierecks ABCD.
a) Weisen Sie nach: Das Viereck ABCD ist ein Parallelogramm, aber kein Rechteck.
b) Skizzieren Sie das Viereck im Koordinatensystem.
c) Geben Sie den Mittelpunkt M der Diagonalen $\overline{AC}$ an.
   Welche Länge hat die Diagonale?

7. Pyramide

Gegeben ist eine Pyramide mit der Grundfläche ABC und der Spitze S.
Die Koordinaten der Punkte lauten A $(6|6|2)$, B $(2|9|2)$, C $(3|2|2)$ und S $(4|4|6)$.
a) Zeigen Sie: Das Grundflächendreieck ABC ist gleichschenklig und bei A rechtwinklig.
b) Beschreiben Sie, welche spezielle Lage die Pyramide im Koordinatensystem hat.
   Fertigen Sie eine Skizze an.
c) Berechnen Sie das Volumen der Pyramide.

8. Quader

Ein Quader ABCDEFGH hat die Eckpunkte A $(6|3|-1)$, B $(5|5|1)$, C $(9|3|5)$, D $(10|1|3)$, E $(4|1|0)$ und F $(3|3|2)$. $\vec{a} = \overrightarrow{AB}$, $\vec{b} = \overrightarrow{AD}$ und $\vec{c} = \overrightarrow{AE}$ seien drei aufeinander stehende Kanten des Quaders.
a) Skizzieren Sie den Quader im Koordinatensystem.
   Bestimmen Sie die fehlenden Koordinaten der Punkte G und H.
b) Zeigen Sie, dass der Körper tatsächlich ein Quader ist. (Die Vektoren $\vec{a}$, $\vec{b}$ und $\vec{c}$ stehen rechtwinklig aufeinander und beschreiben alle Kanten des Quaders.)
c) Bestimmen Sie die Koordinaten des Mittelpunktes M der Grundfläche ABCD.
d) T sei der Mittelpunkt des Quaders. Geben Sie den Vektor $\overrightarrow{AT}$ als Linearkombination von $\vec{a}$, $\vec{b}$ und $\vec{c}$ an. Ermitteln Sie die Koordinaten von T.

9. Kollinearität und Komplanarität

a) Welche dieser Vektoren sind kollinear?

$$\vec{a} = \begin{pmatrix} 4 \\ 1 \\ -3 \end{pmatrix}, \qquad \vec{b} = \begin{pmatrix} 1 \\ 2 \\ -4 \end{pmatrix}, \qquad \vec{c} = \begin{pmatrix} -8 \\ -2 \\ 6 \end{pmatrix}, \qquad \vec{d} = \begin{pmatrix} -0,5 \\ -1 \\ 2 \end{pmatrix}, \qquad \vec{e} = \begin{pmatrix} 2 \\ 0,5 \\ -1,5 \end{pmatrix}$$

b) Wählen Sie den Parameter a so, dass die gegebenen Vektoren komplanar sind.

$$I. \begin{pmatrix} -1 \\ 3 \\ -1 \end{pmatrix}, \begin{pmatrix} 4 \\ -5 \\ 3 \end{pmatrix}, \begin{pmatrix} 3 \\ 5 \\ a \end{pmatrix} \qquad II. \begin{pmatrix} a \\ 15 \\ -2 \end{pmatrix}, \begin{pmatrix} 2 \\ 4 \\ -1 \end{pmatrix}, \begin{pmatrix} 3 \\ 1 \\ -2 \end{pmatrix} \qquad III. \begin{pmatrix} 3 \\ 1 \\ -3 \end{pmatrix}, \begin{pmatrix} 1 \\ 2 \\ 1 \end{pmatrix}, \begin{pmatrix} a \\ a \\ -1 \end{pmatrix}$$

10. Teilverhältnis

Gegeben ist das Dreieck ABC mit den Ecken A $(0|0|0)$, B $(8|-2|-2)$ und C $(10|8|2)$.
a) Bestimmen Sie die Mittelpunkte M_1 und M_2 der Seiten $\overline{AB}$ und $\overline{BC}$.
b) Zeigen Sie, dass sich die Seitenhalbierenden $\overline{AM_1}$ und $\overline{CM_2}$ wie $2:1$ schneiden.
c) Bestimmen Sie den Schnittpunkt S der Seitenhalbierenden $\overline{AM_1}$ und $\overline{CM_2}$.

3. Das Skalarprodukt

1. Skalarprodukt

a) Geben Sie die Definitionsgleichung des Skalarproduktes an.

b) Berechnen Sie das Skalarprodukt der Vektoren $\vec{a} = \begin{pmatrix} 1 \\ -2 \\ 3 \end{pmatrix}$, $\vec{b} = \begin{pmatrix} 2 \\ 1,5 \\ 4 \end{pmatrix}$.

c) Gegeben ist das Trapez ABCD. Berechnen Sie mit Hilfe eines geeigneten Koordinatensystems die Skalarprodukte $\vec{a} \cdot \vec{b}$, $\vec{a} \cdot \vec{c}$, $\vec{b} \cdot \vec{c}$, $\vec{b} \cdot \vec{d}$.

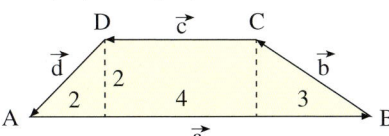

2. Orthogonalität

a) Formulieren Sie das Kriterium für die Orthogonalität zweier Vektoren $\vec{a}$ und $\vec{b}$.

b) Entscheiden Sie begründet, welche der folgenden Vektoren orthogonal zueinander sind.

$$\vec{a} = \begin{pmatrix} 1 \\ 2 \\ -2 \end{pmatrix}, \vec{b} = \begin{pmatrix} -1 \\ -3 \\ 1 \end{pmatrix}, \vec{c} = \begin{pmatrix} 4 \\ -1 \\ 1 \end{pmatrix}, \vec{d} = \begin{pmatrix} 6 \\ 1 \\ -2 \end{pmatrix}, \vec{e} = \begin{pmatrix} 2 \\ 2 \\ -6 \end{pmatrix}$$

c) Untersuchen Sie, für welche Werte von u die Vektoren $\begin{pmatrix} 1 \\ u \\ 3 \end{pmatrix}$ und $\begin{pmatrix} u \\ 2u \\ -1 \end{pmatrix}$ orthogonal sind.

d) Untersuchen Sie, ob das Dreieck ABC rechtwinklig ist.

   (1) A (2|6|4), B (4|14|6), C (0|14|10)   (2) A (6|4|2), B (8|8|6), C (4|9|7)

e) Bestimmen Sie die senkrechte Projektion $\vec{b}_a$ des Vektors $\vec{b} = \begin{pmatrix} -1 \\ 5 \\ 7 \end{pmatrix}$ auf den Vektor $\vec{a} = \begin{pmatrix} 4 \\ 12 \\ 6 \end{pmatrix}$.

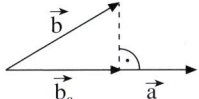

3. Flächeninhalt

Berechnen Sie den Flächeninhalt des Dreiecks ABC mit A (0|0|0), B (4|4|2) und C (−2|4|−4).

4. Winkel

Gegeben ist der abgebildete symmetrische Pyramidenstumpf, der eine rechteckige Grundfläche und eine rechteckige Deckfläche hat. Er hat die Höhe h = 6. Berechnen Sie die Winkel α, β und γ. Sie können folgende Information verwenden:

$\arccos \frac{3}{7} \approx 64{,}6°$, $\arccos \frac{2}{7} \approx 73{,}4°$.

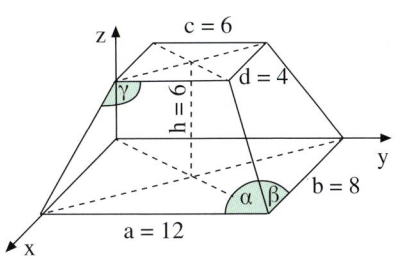

5. Skalarprodukt

Begründen Sie: Ist der Winkel γ zwischen den Vektoren $\vec{a}$ und $\vec{b}$ kleiner als 90°, so ist das Skalarprodukt $\vec{a} \cdot \vec{b}$ positiv. Ist der Winkel γ größer als 90°, so ist das Skalarprodukt $\vec{a} \cdot \vec{b}$ negativ.

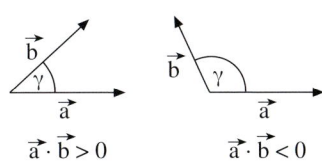

4. Geraden

1. Punkt und Gerade

Prüfen Sie, ob die gegebenen Punkte auf der Geraden durch die beiden Punkte $A\,(3|-2|4)$ und $B\,(9|10|-14)$ liegen. Prüfen Sie weiter, ob die Punkte sogar auf der Strecke $\overline{AB}$ liegen.

a) $P\,(1|-6|10)$ b) $Q\,(-3|-14|15)$ c) $R\,(6|4|-5)$

2. Geradengleichung und Spurpunkte

Eine Gerade g enthält die Punkte $A\,(2|-2|5)$ und $B\,(6|2|3)$.

a) Stellen Sie die Gleichung der Geraden g auf.

b) Berechnen Sie, in welchem Punkt die Gerade g die y-z-Ebene, die x-z-Ebene und die x-y-Ebene schneidet (Spurpunkte der Geraden).

c) Zeichnen Sie unter Verwendung der Ergebnisse von b) die Gerade g im Schrägbild.

3. Parallele Geraden

Untersuchen Sie, welche der folgenden Geraden parallel sind.

$$g_1:\ \vec{x} = \begin{pmatrix} 1 \\ -3 \\ 4 \end{pmatrix} + r \cdot \begin{pmatrix} 2 \\ -3 \\ -2 \end{pmatrix},\quad g_2:\ \vec{x} = \begin{pmatrix} 2 \\ 5 \\ -1 \end{pmatrix} + r \cdot \begin{pmatrix} 1 \\ 2 \\ -1 \end{pmatrix},\quad g_3:\ \vec{x} = \begin{pmatrix} 0 \\ 4 \\ -2 \end{pmatrix} + r \cdot \begin{pmatrix} -3 \\ -6 \\ 3 \end{pmatrix},\quad g_4:\ \vec{x} = \begin{pmatrix} 2 \\ 1 \\ -3 \end{pmatrix} + r \cdot \begin{pmatrix} 4 \\ -6 \\ -4 \end{pmatrix}$$

4. Sich schneidende oder windschiefe Geraden

Untersuchen Sie, ob die Geraden g und h parallel sind, sich schneiden oder windschief sind.

a) $g:\ \vec{x} = \begin{pmatrix} 3 \\ 0 \\ 4 \end{pmatrix} + r \cdot \begin{pmatrix} 1 \\ 2 \\ -1 \end{pmatrix},$ $h:\ \vec{x} = \begin{pmatrix} 4 \\ 2 \\ 3 \end{pmatrix} + s \cdot \begin{pmatrix} -1 \\ 1 \\ 2 \end{pmatrix}$

b) g geht durch $A\,(4|0|2)$ und $B\,(2|2|4)$, h geht durch $C\,(2|-2|9)$ und $D\,(2|2|5)$.

5. Geradengleichungen

Im abgebildeten Quader sind vier Geraden eingezeichnet.

a) Stellen Sie die Gleichungen der abgebildeten Geraden auf.

b) Begründen Sie, dass nur eine der Geraden keinen Schnittpunkt mit einer der anderen Geraden hat.
Um welche Gerade handelt es sich?

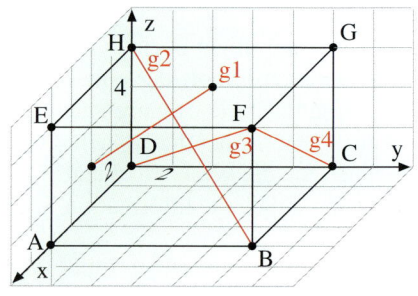

6. Schattenwurf

Im Punkt $A\,(4|4|0)$ steht ein 6 m hoher senkrechter Stab. In Richtung des Vektors $\vec{v} = \begin{pmatrix} 3 \\ 4 \\ -3 \end{pmatrix}$ fällt Licht auf den Stab und erzeugt in der x-y-Ebene einen Schatten des Stabs.

Fertigen Sie eine Skizze an und berechnen Sie die Lage des Schattenbildes der Stabspitze S sowie die Länge l des Schattens des Stabes.

5. Ebenen

1. Normalenvektor und Ebenengleichung

Gegeben sei die die Parametergleichung einer Ebene. E: $\vec{x} = \begin{pmatrix} -3 \\ -1 \\ 2 \end{pmatrix} + r \cdot \begin{pmatrix} -3 \\ -1 \\ 1 \end{pmatrix} + s \cdot \begin{pmatrix} 6 \\ 0 \\ -1 \end{pmatrix}$

a) Bestimmen Sie einen Normalenvektor $\vec{n}$ von E und anschließend eine Normalengleichung von E.

b) Beschreiben Sie ein Verfahren, mit dem man – ausgehend von einer Normalengleichung – zu einer Koordinatengleichung kommt. Wenden Sie das Verfahren an, um eine Koordinatengleichung der Ebene E aus Aufgabenteil 1 aufzustellen.

2. Von der Normalengleichung zur Parametergleichung

Gegeben ist die Ebene E: $2x + 2y + z = 3$.

a) Bestimmen Sie einen Normalenvektor und eine Normalengleichung der Ebene E.

b) Bestimmen Sie zwei Richtungsvektoren $\vec{m}_1$ und $\vec{m}_2$ der Ebene E, die nicht kollinear sind. Stellen Sie anschließend eine vektorielle Parametergleichung von E auf.

3. Achsenabschnitte einer Ebene

a) Bestimmen Sie alle Achsenabschnittspunkte der Ebene E: $2x + 3y + 4z = 12$ und skizzieren Sie die Ebene im Koordinatensystem.

b) Bestimmen Sie den Achsenabschnitt der Ebene F: $\vec{x} = \begin{pmatrix} 1 \\ 3 \\ 2 \end{pmatrix} + r \cdot \begin{pmatrix} 1 \\ 3 \\ -6 \end{pmatrix} + s \cdot \begin{pmatrix} -1 \\ 0 \\ 2 \end{pmatrix}$ mit der z-Achse.

4. Die relative Lage von Gerade und Ebene

a) Gegeben sind die Ebene E: $x + 4y + 2z = 12$ und die Gerade g: $\vec{x} = \begin{pmatrix} 5 \\ 5 \\ 4 \end{pmatrix} + r \cdot \begin{pmatrix} 1 \\ 4 \\ 2 \end{pmatrix}$.

Untersuchen Sie die relative Lage von g und E und ermitteln sie ggf. den Schnittpunkt.

b) Verändern Sie die y-Koordinate des Richtungsvektors der Geraden g so, dass die entstandene Gerade h parallel zur Ebene E verläuft.

5. Die relative Lage zweier Ebenen

Gegeben sind die Ebenen E: $x + 2y + 2z = 8$ und F: $\vec{x} = \begin{pmatrix} 2 \\ 0 \\ 0 \end{pmatrix} + r \cdot \begin{pmatrix} 0 \\ 0 \\ 3 \end{pmatrix} + s \cdot \begin{pmatrix} 2 \\ 0 \\ 2 \end{pmatrix}$.

a) Geben Sie an, welche Lage zwei Ebenen E und F zueinander einnehmen können. Begründen Sie anhand des Normalenvektors von E und der Richtungsvektoren von F, dass die Ebenen E und F sich schneiden. Bestimmen Sie die Gleichung der Schnittgeraden.

b) Untersuchen Sie die relative Lage von E: $4x + 4y + 3z = 24$ und F: $x + 4y + 3z = 12$. Bestimmen Sie ggf. die Schnittgerade von E und F und zeichnen Sie ein Schrägbild.

6. Spurgeraden

a) Ermitteln Sie die drei Spurgeraden der Ebene E: $\vec{x} = \begin{pmatrix} 2 \\ 4 \\ 2 \end{pmatrix} + r \cdot \begin{pmatrix} -4 \\ 0 \\ 2 \end{pmatrix} + s \cdot \begin{pmatrix} -4 \\ 8 \\ 0 \end{pmatrix}$.

b) Die Geraden g_{xz}: $\vec{x} = \begin{pmatrix} 4 \\ 0 \\ 0 \end{pmatrix} + r \cdot \begin{pmatrix} 0 \\ 0 \\ 1 \end{pmatrix}$, g_{yz}: $\vec{x} = \begin{pmatrix} 0 \\ 8 \\ 0 \end{pmatrix} + s \cdot \begin{pmatrix} 0 \\ 0 \\ 1 \end{pmatrix}$ und g_{xy}: $\vec{x} = \begin{pmatrix} 4 \\ 0 \\ 0 \end{pmatrix} + r \cdot \begin{pmatrix} -1 \\ 2 \\ 0 \end{pmatrix}$ sind die

Spurgeraden der Ebene F. Skizzieren Sie ein Schrägbild von F.

7. Schnittpunkte mit Koordinatenachsen

a) Bestimmen Sie die Schnittpunkte der Ebene E: $\vec{x} = \begin{pmatrix} 1 \\ 2 \\ 1 \end{pmatrix} + r \cdot \begin{pmatrix} 1 \\ 3 \\ -6 \end{pmatrix} + s \cdot \begin{pmatrix} -1 \\ 0 \\ 2 \end{pmatrix}$

mit den Koordinatenachsen. Zeichnen Sie ein Schrägbild der Ebene.

b) Beschreiben Sie ein Verfahren, mit dem man die Spurgeraden einer Ebene bestimmen kann. Normalerweise besitzt eine Ebene drei Spurgeraden. Kann eine Ebene auch nur zwei oder nur eine Spurgerade haben?

8. Ebenengleichung und orthogonale Gerade

a) Geben Sie die Gleichung der rechts dargestellten Ebene E an:

   I: in Parameterform,

   II: in Koordinatenform,

   III: in Normalenform.

b) Geben Sie eine Gleichung der Geraden g durch den Punkt P(7|7|5) an, welche die Ebene E senkrecht schneidet. Berechnen Sie dann den Schnittpunkt S der Geraden g und der Ebene E.

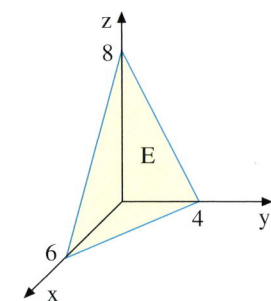

9. Schattenwurf

Eine Schräge E ist 5 m lang, 2 m hoch und 6 m tief.

a) Ermitteln Sie eine Parameter- und eine Koordinatengleichung der Ebene E.

b) Im Punkt P(6|3|0) befindet sich ein 2 m hoher senkrechter Stab, der von einer Lichtquelle in Richtung des Vektors $\vec{v}$ (siehe rechts) angestrahlt wird. Ermitteln Sie die Länge des Stabschattens auf E.

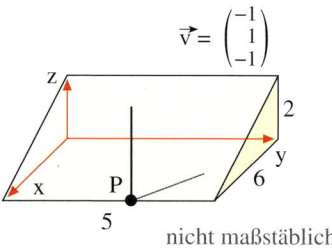

nicht maßstäblich

10. Spiegelpunkt

Gegeben ist die Ebene E durch die Punkte A(8|0|0), B(2|2|3) und C(0|0|6).

a) Ermitteln Sie eine Koordinatengleichung von E und untersuchen Sie, ob die Punkte P(5|5|7) bzw. Q(4|4|0) auf E liegen.

b) Bestimmen Sie einen Normalenvektor $\vec{n}$ von E. Bestimmen Sie außerdem die Gleichung einer Geraden g, die durch P geht und senkrecht steht auf E. Bestimmen Sie anschließend das Spiegelbild P' von P, das entsteht, wenn der Punkt P senkrecht an der Ebene E gespiegelt wird.

6. Winkel und Abstände

1. Pyramide

Die Pyramide hat die rechteckige Grundfläche ABCD und die Spitze S. F liegt in der Mitte der Grundfläche der Pyramide. Alle Koordinaten kann man der Grafik entnehmen.

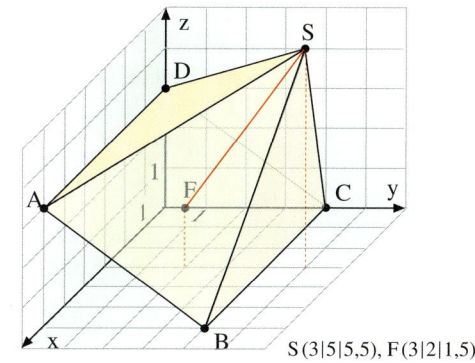

S(3|5|5,5), F(3|2|1,5)

a) Zeigen Sie: Der Vektor $\overrightarrow{FS}$ steht senkrecht auf der Grundfläche ABCD.

b) Berechnen Sie das Volumen der Pyramide.

2. Abstand Punkt/Ebene

Gegeben sind die Ebene E: $9x - 6y + 2z = 7$ und der Punkt P$(-8|7|0)$.

a) Zeigen Sie, dass F$(1|1|2)$ der Fußpunkt des Lotes vom Punkt P auf die Ebene E ist.

b) Berechnen Sie den Abstand des Punktes P von der Ebene E. Beschreiben Sie die Menge aller Punkte, die von E den gleichen Abstand haben wie der Punkt P.

3. Der Abstand von Punkt und Ebene

Gegeben ist die Ebene E: $2x + y + 2z = 8$.

a) Zeigen Sie, dass der Punkt P$(8|5|7)$ nicht auf der Ebene E liegt.

b) Bestimmen Sie den Fußpunkt F des Lotes vom Punkt P auf die Ebene E.
 Berechnen Sie anschließend den Abstand von P von der Ebene E.

c) Bestimmen Sie den Abstand des Punktes Q$(3|2|0)$ von der Ebene E.

d) Bestimmen Sie einen Punkt R, welcher von der Ebene E den Abstand 15 hat.

4. Abstand Gerade/Ebene

Gegeben sind die Ebene E: $x + 2y + 2z = 4$ und die Gerade g: $\vec{x} = \begin{pmatrix} 5 \\ 0 \\ -5 \end{pmatrix} + r \begin{pmatrix} 4 \\ -3 \\ 1 \end{pmatrix}$.

a) Zeigen Sie, dass g echt parallel zu E verläuft. Geben Sie die Gleichung einer Geraden h an, die in E liegt und echt parallel zu g ist.

b) Berechnen Sie den Abstand der Geraden g von der Ebene E.

5. Ebene und senkrechte Gerade

Gegeben sind die Gerade g: $\vec{x} = \begin{pmatrix} 5 \\ 5 \\ 8 \end{pmatrix} + r \cdot \begin{pmatrix} 2 \\ 3 \\ 6 \end{pmatrix}$ und die Ebene E: $2x + 3y + 6z = 24$.

a) Zeigen Sie, dass die Gerade g senkrecht auf der Ebene E steht, und berechnen Sie den Schnittpunkt S von Gerade und Ebene.

b) Geben Sie die Gleichung einer Geraden h an, die durch P$(5|5|8)$ geht und echt parallel zur Ebene E verläuft. Welchen Abstand hat h zu E?

7. Matrizen und lineare Abbildungen

1. Das Bild eines Dreiecks
Gegeben ist die lineare Abbildung
$\vec{x}' = M \cdot \vec{x}$ sowie das Dreieck ABC.
Bestimmen Sie das Bild des Dreiecks.
Zeichnen Sie ein Schrägbild.

$$M = \begin{pmatrix} 1 & 0 & 0 \\ 0 & 0 & -1 \\ 0 & 1 & 0 \end{pmatrix}$$

A (6|6|4), B (4|8|4), C (2|6|8)

2. Abbildungsmatrix
Das Strecke $\overline{AB}$ wird durch die lineare
Abbildung $\vec{x}' = M \cdot \vec{x}$ auf die Strecke
$\overline{A'B'}$ abgebildet.
Bestimmen Sie die Abbildungsmatrix M.
Verwenden Sie den Ansatz $M = \begin{pmatrix} a & b \\ c & d \end{pmatrix}$.

A (1|3), B (4|1)
A′(7|2), B′(6|−3)

3. Spiegelung an der Winkelhalbierenden
Die Spiegelung an der Winkelhalbierenden y = x des 1. und 3. Quadranten ist
eine lineare Abbildung in der Ebene.
a) Wie lautet die Abbildungsmatrix M?
b) Bestimmen Sie das Bild des eingezeichneten Dreiecks ABC.

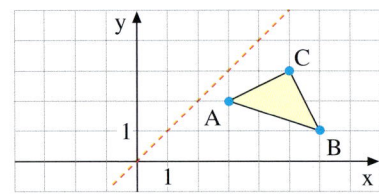

4. Zentrische Streckung im Raum
Gegeben ist die Pyramide ABCDS mit der Grundfläche ABCD und der Spitze S.
Die Koordinaten der Eckpunkte sind A (2|2|0), B (2|4|0), C (4|2|0), D (4|4|0) und S (3|3|3).
Die Pyramide soll mit dem Faktor k = 3 vom Ursprung aus zentrisch gestreckt werden.
a) Bestimmen Sie das Bild der Pyramide.
b) Zeichnen Sie ein Schrägbild der Pyramide und ihres Bildes.

5. Schattenbild eines Turms
Bestimmen Sie das Schattenbild des
Turms in der x-y-Ebene bei Lichteinfall
in Richtung des Vektors $\vec{m} = \begin{pmatrix} 1 \\ -2 \\ -1 \end{pmatrix}$.
Zeichnen Sie ein Schrägbild.
E (4|10|4), F (4|12|4), G (2|12|4), S (3|11|5)

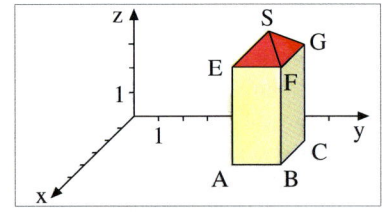

6. Exkurs: Drehung in der Ebene
$\vec{x}' = M \cdot \vec{x}$ sei eine Abbildung der Ebene $\mathbb{R}^2$ auf die Ebene $\mathbb{R}^2$, die eine Drehung von 90° um den Ursprung bewirkt.
a) Bestimmen Sie die Abbildungsmatrix M.
b) Bestimmen Sie das Bild der eingezeichneten Figur (Buchstabe N).

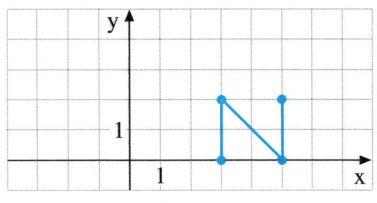

7. **Abbildungsmatrizen in der Ebene**
   a) Geben Sie an, welche linearen Abbildungen durch die Matrizen M_1 bzw. M_2 definiert werden.
   b) Berechnen Sie die Bildpunkte des Punktes $P(3|-4)$ bei Abbildung mit der Matrix M_1 bzw. M_2.

$$M_1 = \begin{pmatrix} 0 & 1 \\ -1 & 0 \end{pmatrix} \quad M_2 = \begin{pmatrix} -1 & 0 \\ 0 & -1 \end{pmatrix}$$

8. **Parallelprojektion**
   Die Punkte $A(-1|2)$ und $B(3|4)$ werden in Richtung $\vec{m} = \begin{pmatrix} 2 \\ -1 \end{pmatrix}$ auf die x-Achse projiziert. Ermitteln Sie die Bildpunkte A' und B'.

9. **Bildmenge, Kern, Fixpunktmenge**
   Gegeben ist die Abbildungsmatrix $M = \begin{pmatrix} 2 & 4 \\ -1 & -2 \end{pmatrix}$. Bestimmen Sie die Bildmenge, die Fixpunktmenge sowie den Kern der Abbildung.

10. **Nachweis einer Fixgeraden**
    Weisen Sie nach, dass bei der Abbildung $\vec{x}' = M \cdot \vec{x}$ mit $M = \begin{pmatrix} 1 & 3 \\ 4 & 5 \end{pmatrix}$ die Geraden g_1: $\vec{x} = r \cdot \begin{pmatrix} 1 \\ 2 \end{pmatrix}$ und g_2: $\vec{x} = r \cdot \begin{pmatrix} 3 \\ -2 \end{pmatrix}$ Fixgeraden sind.

11. **Abbildungsmatrizen im Raum**
    Geben Sie an, welche Abbildung durch die Matrix M definiert wird.
    a) $M = \begin{pmatrix} 1 & 0 & 0 \\ 0 & 1 & 0 \\ 0 & 0 & 0 \end{pmatrix}$ b) $M = \begin{pmatrix} 1 & 0 & 0 \\ 0 & -1 & 0 \\ 0 & 0 & 1 \end{pmatrix}$ c) $M = \begin{pmatrix} 2 & 0 & 0 \\ 0 & 2 & 0 \\ 0 & 0 & 2 \end{pmatrix}$ d) $M = \begin{pmatrix} 0 & 0 & -1 \\ 0 & 1 & 0 \\ 1 & 0 & 0 \end{pmatrix}$

12. **Projektion auf eine Koordinatenebene**
    Eine senkrechte Plakatwand mit den Eckpunkten $A(6|4|2)$, $B(2|4|2)$, $C(2|4|4)$, $D(6|4|4)$ wird von parallelem Licht in Richtung $\vec{m} = \begin{pmatrix} 1 \\ -1 \\ 0,5 \end{pmatrix}$ angestrahlt. Ermitteln Sie das Schattenbild der Plakatwand in der x-z-Ebene.

13. **Projektion auf eine Ursprungsebene**
    Eine lineare Abbildung $\vec{x}' = M \cdot \vec{x}$ wird definiert durch die nebenstehende Abbildungsmatrix M.

$$M = \begin{pmatrix} 0,5 & 0,5 & -0,5 \\ 1 & 0 & 1 \\ 0,5 & -0,5 & 1,5 \end{pmatrix}$$

   a) Ermitteln Sie das Bild P' des Punktes $P(4|3|1)$ bei dieser Abbildung.
   b) Weisen Sie nach, dass alle Punkte des Raumes bei dieser Abbildung auf die Ebene E: $x - y + z = 0$ abgebildet werden.
   c) Geben Sie an, in welche Richtung abgebildet wird.

8. Matrizen zur Beschreibung von Übergangsprozessen

1. Produkt von Matrizen

Berechnen Sie das Produkt der Matrizen A und B, sofern dies möglich ist.

a) $A = \begin{pmatrix} 1 & -2 & 3 \\ 1 & -1 & 0 \\ -2 & 1 & 2 \end{pmatrix}$, $B = \begin{pmatrix} -2 & -1 & 2 \\ -3 & 1 & -2 \\ -2 & 0 & 1 \end{pmatrix}$ b) $A = \begin{pmatrix} 2 & 4 \\ 1 & -2 \\ 3 & 1 \end{pmatrix}$, $B = \begin{pmatrix} 2 & -1 \\ -1 & 2 \end{pmatrix}$ c) $A = \begin{pmatrix} 1 & 2 \\ 2 & 1 \\ 3 & 0 \end{pmatrix}$, $B = \begin{pmatrix} 1 & 2 \\ 3 & 1 \\ 2 & 5 \end{pmatrix}$

2. Inverse Matrix

a) Geben Sie die Definition des Begriffs der inversen Matrix an.

b) Zeigen Sie, dass $B = \begin{pmatrix} 2 & -3 \\ -1 & 2 \end{pmatrix}$ die Inverse der Matrix $A = \begin{pmatrix} 2 & 3 \\ 1 & 2 \end{pmatrix}$ ist.

c) Berechnen Sie die Inverse der Matrix $A = \begin{pmatrix} 3 & 4 \\ 1 & 1 \end{pmatrix}$.

3. Übergangsprozess

Drei Wochenzeitschriften A, B und C konkurrieren um die Leser.

Das wöchentliche Übergangsverhalten der Leser wird durch die Tabelle beschrieben.

	A	B	C
A	0,2	0,2	0,2
B	0	0,4	0,2
C	0,8	0,4	0,6

a) Zeichnen Sie den Übergangsgraphen des Prozesses.

b) Zu Beginn der Beobachtung liegen folgende Marktanteile vor.
   A: 60%, B: 10%, C: 30%
   Berechnen Sie die Marktanteile nach einer Woche und nach zwei Wochen.

c) Zeigen Sie, dass eine stationäre Verteilung vorliegt, wenn die folgenden Marktanteile bestehen: A: 20%, B: 20%, C: 60%.

4. Fixvektor

Ein Übergangsprozess hat die Übergangsmatrix M.

a) Berechnen Sie den Fixvektor des Prozesses.
   (Ansatz: $M \cdot \vec{v} = \vec{v}$)

b) Beschreiben Sie die anschauliche Bedeutung des Fixvektors.

$$M = \begin{pmatrix} 0,2 & 0,2 & 0,2 \\ 0,4 & 0,6 & 0,2 \\ 0,4 & 0,2 & 0,6 \end{pmatrix}$$

5. Populationsentwicklung

Eine Schlangenkolonie lässt sich in zwei Gruppen einteilen, Jungtiere (J) und Alttiere (A).

40% der Jungtiere entwickeln sich während eines Jahres zu Alttieren. 60% der Jungtiere sterben.

Die Alttiere haben im gleichen Zeitraum eine Sterblichkeitsrate von 80% aufzuweisen. Gleichzeitig erzeugen die Alt-

tiere im Durchschnitt pro Jahr 10% ihres Bestandes an Jungtieren.

Zu Beginn der Beobachtung gibt es 100 Jungtiere und 150 Alttiere.

a) Stellen Sie die Übergangstabelle auf und zeichnen Sie den Übergangsgraphen.

b) Berechnen Sie die Anzahl der Jung- und Alttiere nach einem bzw. nach zwei Jahren.

III. Stochastik

1. Beschreibende Statistik

1. Vergleich von Häufigkeitsverteilungen

Marienkäfer der Unterarten A und B werden in hermetisch abgeschlossenen Versuchsflächen unter Glas für den Einsatz auf Paprikapflanzen getestet. Das Forscherteam erfasst für jede Versuchsfläche, nach wieviel Tagen die eingesetzten Marienkäfer alle Paprikapflanzen von Blattläusen befreit haben.

Gruppe A (Tabelle)						Unterart B (Urliste)															
Dauer	3	4	5	6	7	5 4 6 4 7 7 6 5 5 6 2 6 7 6 4 5															
Anzahl	1	5	9	3	2	6 4 7 3 4 6 8 9 6 3 7 6 7 5 4															

a) Geben Sie zu dem Versuch mit den Käfern der Unterart A die Grundgesamtheit, das Merkmal, die Merkmalsausprägungen und den Erhebungsumfang an.

b) Berechnen Sie die relativen Häufigkeiten der Ausprägungen des Merkmals für beide Unterarten.

c) Stellen Sie die Verteilungen vergleichend im Säulendiagramm dar.

d) Ermitteln Sie für beide Verteilungen das arithmetische Mittel, den Median, das untere Quartil und das obere Quartil.

2. Prüfung von Eigenschaften

Untersuchen Sie zu jedem Säulendiagramm, welche der Eigenschaften I. bis IV. durch die dargestellte Häufigkeitsverteilung erfüllt werden (Datenzahl: $N = 60$).

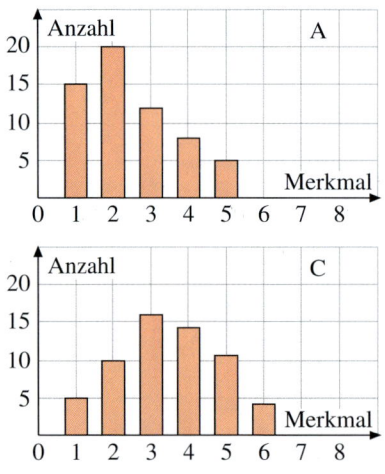

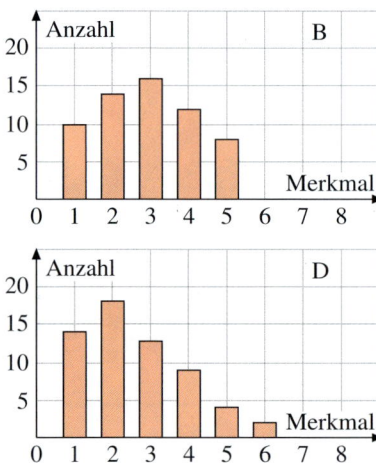

I.   Der Anteil der erhobenen Werte x_i mit $x_i > 3$ beträgt 25 %.

II. Mindestens 75 % aller erhobenen Werte sind größer oder gleich 2.

III. Die Spannweite der Verteilung beträgt 4, der Median ist $\tilde{x} = 2$.

IV. Genau die Hälfte aller erhobenen Werte ist größer als 4 oder kleiner als 3.

2. Grundlegende Begriffe der Stochastik

1. Ereignisse darstellen

Stellen Sie das Ereignis E als Ergebnismenge dar.

a) Beim einmaligen Würfeln beträgt die Augenzahl höchstens 4.

b) Beim dreimaligen Münzwurf erscheint höchstens zweimal Kopf.

2. Ergebnismengen darstellen

Aus 100 mit 1 bis 100 numerierten Kugeln wird eine Kugel gezogen.

Betrachtet werden folgende Ereignisse.

A: Die Nummer der Kugel ist durch 11 teilbar.

B: Die Nummer der Kugel ist durch 9 teilbar.

a) Stellen Sie die Ereignisse A und B als Ergebnismenge dar.

b) Stellen Sie folgende Ereignisse als Ergebnismenge dar: $A \cap B$, $A \cup B$ $\overline{A}$, $\overline{B}$

3. Würfelspiel

Zwei Würfel mit den abgebildeten Netzen werden gleichzeitig geworfen.

a) Welche Augensumme ist am wahrscheinlichsten?

b) Wie wahrscheinlich ist ein Pasch?

c) Mit welcher Wahrscheinlichkeit ist die Augensumme größer als 5?

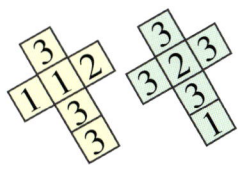

4. Urnenaufgabe

In Urne 1 liegen fünf Kugeln 1, 2, 3, 4 und 5. In einer zweiten Urne die Kugeln 1, 2 und 3. Aus jeder Urne wird zufällig je eine Kugel gezogen.

a) Beschreiben Sie folgende Ereignisse als Ergebnismenge:

    A: Das Produkt der gezogenen Zahlen ist 6.

    B: Die Augenzahl beträgt jeweils höchstens 2.

b) Stellen Sie folgende Ereignisse als Ergebnismengen dar: $A \cup B$, $\overline{B}$.

c) Bestimmen Sie die Wahrscheinlichkeiten $P(A)$, $P(B)$, $P(A \cup B)$ sowie $P(\overline{B})$.

5. Wahrscheinlichkeiten

Bestimmen Sie folgende Wahrscheinlichkeiten (Bruchangabe genügt).

a) Beim einmaligen Würfeln fällt eine Primzahl.

b) Beim Wurf zweier Würfel fallen zwei Sechser.

c) Beim Wurf zweier Würfel fällt keine Sechs und keine Eins.

6. Glücksrad

Ein Glücksrad besteht aus fünf gleich großen Sektoren mit den Nummern 1 bis 5.

Bestimmen Sie folgende Wahrscheinlichkeiten. Bei b) und c) Baumdiagramm zeichnen.

a) Beim einmaligen Drehen erscheint eine gerade Zahl.

b) Beim zweimaligen Drehen erscheint ein Pasch (zwei gleiche Zahlen).

c) Beim zweimaligen Drehen beträgt die Summe 8.

3. Berechnung von Wahrscheinlichkeiten

1. Passwort
Ein Passwort besteht aus zwei Buchstaben, gefolgt von drei Ziffern. Geben Sie die Anzahl der Möglichkeiten als Produktterm an.

2. Elfmeterschießen
Der Trainer einer Fußballmanschaft wählt sechs Spieler der 11-köpfigen Mannschaft für das Elfmeterschießen aus. Geben Sie die Anzahl der Möglichkeiten für die Zusammenstellung als gekürzten Bruchterm an.

3. Minilotto
In einem Behälter befinden sich 7 Kugeln, drei davon sind als Gewinnkugeln gekennzeichnet. Nacheinander werden ohne Zurücklegen drei Kugeln aus dem Behälter gezogen. Ermitteln Sie, mit welcher Wahrscheinlichkeit mindestens zwei Gewinnkugeln gezogen werden.

4. Raucher oder Nichtraucher
20 % der Lehrer der Schule sind Raucher (R), 40 % der Raucher treiben Sport (S), 60 % der Nichtraucher treiben Sport.
a) Notieren Sie die gegebenen Wahrscheinlichkeiten.
b) Welcher Prozentsatz der Lehrer treibt Sport und gehört zur Gruppe der Nichtraucher?
c) Welcher Prozentsatz der Lehrer gehört zu den Rauchern und treibt keinen Sport?

5. Doppelter Würfelwurf
Untersucht wird ein doppelter Würfelwurf mit einem roten und einem schwarzen Würfel. Betrachtet werden folgende Ereignisse.
A: Der rote Würfel zeigt eine 4.
B: Die Augensumme beträgt 5.
C: Die Augensumme beträgt 6.
a) Geben Sie für jedes der drei Ereignisse die Ergebnismenge an.
b) Untersuchen Sie, ob die Ereignisse A und B stochastisch unabhängig sind.

6. Zwei Urnen
Eine Urne U_1 enthält 4 rote und 2 schwarze Kugeln. Urne U_2 enthält 3 rote und 3 schwarze Kugeln. Ein Mann wählt blind eine der beiden Urnen und zieht aus dieser eine Kugel. Berechnen Sie die Wahrscheinlichkeit für das Ziehen einer roten Kugel.

7. Umfrage
Aus einer Umfrage ist bekannt, dass 80 % der Haushalte einer Stadt eine Waschmaschine (W) besitzen und 20 % einen Wäschetrockner (T). 10 % besitzen beide Geräte.
a) Legen Sie eine Vierfeldertafel an und füllen Sie diese vollständig aus.
b) Berechnen Sie die Wahrscheinlichkeit, dass ein Haushalt mit Waschmaschine auch einen Wäschetrockner besitzt.
c) Berechnen Sie die Wahrscheinlichkeit, dass ein Haushalt ohne Wäschetrockner eine Waschmaschine besitzt.

8. Elferrat

Ein wichtiges Gremium in Karnevalsvereinen ist der sogenannte Elferrat, der – wie der Name schon sagt – aus elf Personen besteht.

a) Aus dem Elferrat werden als Vorstand nacheinander der 1. Vorsitzende, der 2. Vorsitzende und der Schriftführer durch die Vereinsmitglieder gewählt. Berechnen Sie die Anzahl der Möglichkeiten für die Wahl des Vereinsvorstands.

b) Ein vierköpfiges Gremium des Elferrates soll die Prunksitzung des Verein vorbereiten. Geben Sie einen Term zur Berechnung der Anzahl der Möglichkeiten für die Besetzung dieses Gremiums an.

c) Drei enge Freunde gehören zum Elferrat. Stellen Sie einen Term zur Berechnung der Wahrscheinlichkeit für das folgende Ereignis auf:
„Mindestens einer der drei Freunde gehört dem vierköpfigen Gremium aus b an.“

9. Sechs gegen sechs

Zwölf Jungen verabreden sich zu einem Fußballspiel. Dazu müssen sie zwei Mannschaften aus jeweils sechs Spielern bilden. Geben Sie als Term an, wie viele Möglichkeiten es für die Zusammensetzung der beiden Teams gibt.

10. Beleuchtungsmöglichkeiten

In einer Galerie gibt es 10 Leuchten, die einzeln ein- und ausgeschaltet werden können. Geben Sie als Term an, wie viele unterschiedliche Beleuchtungsmöglichkeiten es gibt.

11. Urnenaufgaben/Lottomodell

a) Bestimmen Sie die Wahrscheinlichkeit mit einem Griff zwei gleichfarbige Kugeln zu ziehen.

b) Bestimmen Sie nun die Wahrscheinlichkeit für zwei verschiedenfarbige Kugeln.

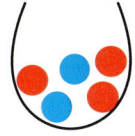

c) Berechnen Sie, mit welcher Wahrscheinlichkeit man aus der rechts abgebildeten Urne mit einem Griff fünf rote und zwei blaue Kugeln ziehen kann.

12. Test auf Diabetes

10 % der Bevölkerung sind zuckerkrank. Ein Test zeigt bei 95 % der Kranken ein positives Testergebnis an. Bei den Gesunden ergibt der Test bei 4 % irrtümlich ein positives Ergebnis.

a) Stellen Sie die Häufigkeiten in einer Vierfeldertafel dar.

b) Es wird ein Massenscreening durchgeführt. Geben Sie an, bei welchem Prozentsatz der untersuchten Personen ein positives Testergebnis zu erwarten ist.

c) Erklären Sie den Zusammenhang zwischen dem Prozentsatz aus b und der tatsächlich im Massenscreening ermittelten relativen Häufigkeit positiver Testergebnisse.

d) Eine Person wurde positiv getestet. Geben Sie als Bruchterm an, mit welcher Wahrscheinlichkeit sie tatsächlich zuckerkrank ist.

4. Zufallsgrößen und Wahrscheinlichkeitsverteilungen

1. Uralte Münze

Eine uralte Münze wird einige Male geworfen. p sei die unbekannte Wahrscheinlichkeit für Kopf.

a) Geben Sie einen Term für die Wahrscheinlichkeit an, dass bei 6 Würfen genau 3-mal Kopf fällt.

b) Bei 6 Würfen fällt insgesamt genau 3-mal Kopf. Bei den ersten beiden Würfen fällt bereits 2-mal Kopf. Wie groß ist die Wahrscheinlichkeit für dieses Ereignis?

   Es reicht, das Ergebnis als Term anzugeben ohne weitere Ausrechnung.

c) Die Wahrscheinlichkeit, beim 3-fachen Werfen der Münze 3-mal Kopf zu erzielen, beträgt $\frac{64}{1000} = 0{,}064$. Untersuchen Sie, ob unter dieser Voraussetzung beim einfachen Münzwurf das Ergebnis Kopf oder das Ergebnis Zahl wahrscheinlicher ist.

2. Bernoulli-Kette

Eine Zufallsgröße X ist binomialverteilt mit den Parametern n = 48 (Kettenlänge) und $p = \frac{1}{4}$.

a) Bestimmen Sie den Erwartungswert und die Standardabweichung von X.

b) Entscheiden Sie, ob die Laplace-Bedingung klar erfüllt ist, noch knapp erfüllt ist oder weit verfehlt wird.

c) Geben Sie einen Term für die Wahrscheinlichkeit an, dass die Trefferzahl den Wert 12 annimmt.

3. Glücksrad

Mit dem abgebildeten Glücksrad können Zufallsexperimente durchgeführt werden.

a) Beschreiben Sie ein Zufallsexperiment mit dem Glücksrad, bei dem sich die Wahrscheinlichkeit eines Ereignisses A durch den Term $P(A) = \binom{5}{3} \cdot \left(\frac{2}{5}\right)^3 \cdot \left(\frac{3}{5}\right)^2$ bestimmen lässt.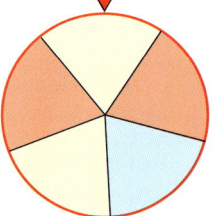

   Um welches Ereignis A kann es sich hierbei handeln?

b) Berechnen Sie den Binomialkoeffizienten $\binom{5}{3}$ manuell.

c) Zeigen Sie, dass für die Wahrscheinlichkeit von A gilt: $P(A) < \frac{1}{4}$.

4. Erwartungswert und Standardabweichung

Untersucht werden soll eine Bernoulli-Kette der Länge n = 192 mit der Trefferwahrscheinlichkeit $p = \frac{1}{4}$. X sei die Anzahl der Treffer.

a) Bestimmen Sie den Erwartungswert μ und die Standardabweichung σ von X.

b) Geben Sie an, welche Trefferzahl am wahrscheinlichsten ist.

5. Erwartungswert und Standardabweichung

Die Zufallsgrößen X und Y haben die folgenden Wahrscheinlichkeitsverteilungen.

k	1	2	6
$P(X=k)$	$\frac{2}{5}$	$\frac{1}{2}$	$\frac{1}{10}$

k	1	2	16
$P(Y=k)$	$\frac{2}{5}$	$\frac{1}{2}$	$\frac{1}{10}$

a) Skizzieren Sie die Wahrscheinlichkeitsverteilungen von X und Y (Säulendiagramme).

b) Bestimmen Sie die Erwartungswerte von X und Y.

c) Berechnen Sie die Standardabweichung von X.

d) Klären Sie ohne weitere Rechnungen, ob die Standardabweichung von Y größer oder kleiner als die Standardabweichung von X ist.

6. Eigenschaften einer Binomialverteilung

a) Ordnen Sie die Binomialverteilungen I. B (5; 0,5; k), II. B (5; 0,7; k) und III. B (5; 0,25; k) den Diagrammen zu. Begründen Sie Ihr Vorgehen.

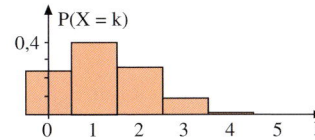 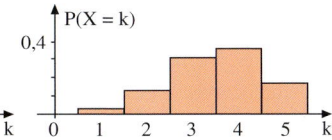 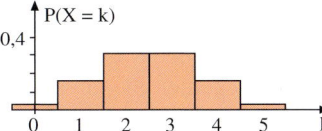

b) Rekonstruieren Sie aus dem Diagramm A die zugehörigen Parameter μ, n und p.

c) Zeigen Sie, dass die Wahrscheinlichkeitsverteilung B nicht binomialverteilt ist.

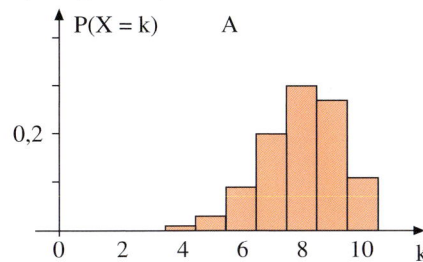 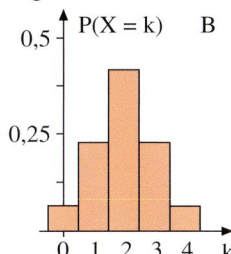

7. Parameterbestimmung einer Binomialverteilung

Von den vier Größen n, p, σ und μ einer Binomialverteilung sind zwei Größen bekannt. Berechnen Sie die jeweils fehlenden Größen.

a) $\mu = 144$, $\sigma = 6$ b) $\sigma = 4$, $n = 72$ c) $\sigma = 6$, $p = 0,5$

8. Binomialterme

$P(X = k) = B(n; p; k)$ sei die einfache und $P(X \leq k) = F(n; p; k)$ die kumulierte Binomialverteilung.

a) Begründen Sie, dass $B(n; p; k) \leq F(n; p; k)$ gilt. Wann gilt = , wann gilt <?

b) Stellen Sie $B(20; 0,2; 0) + B(20; 0,2; 1) + \ldots + B(20; 0,2; 5)$ als F-Term dar.

c) Stellen Sie $B(20; 0,2; 10) + B(20; 0,2; 11) + \ldots + B(20; 0,2; 15)$ durch F-Terme dar.

d) Stellen Sie $P(|X - 4| < 3)$ für die Binomialverteilung $B(20; 0,2; k)$ durch mehrere B-Terme bzw. durch zwei F-Terme dar.

5. Das Testen von Hypothesen

1. Alternativtest

In der Graphik rechts sind zur Nullhypothese H_0: $p = 0{,}4$ gegen die Alternativhypothese H_1: $p = 0{,}1$ einige Säulen blau bzw. rot schraffiert. Die schraffierten Säulen gehören zu den Fehlerwahrscheinlichkeiten 1. und 2. Art.

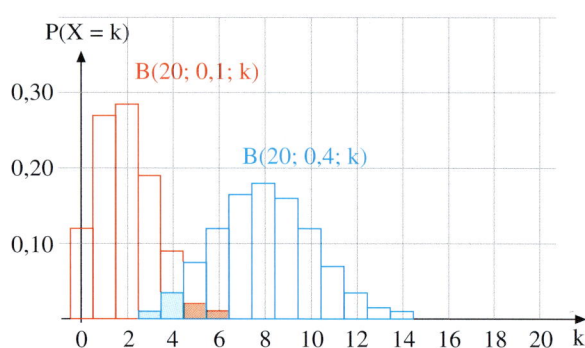

a) Entscheiden Sie, welche Farbe zu welcher Fehlerart gehört.

b) Geben Sie die kritische Zahl K an.

2. Fehlerarten beim Alternativtest

a) Beschreiben Sie die beiden möglichen Fehlerarten beim Alternativtest.

b) Entscheiden Sie, ob man beim Alternativtest beide Fehler exakt berechnen kann.

3. Fehlerarten beim Signifikanztest

a) Beschreiben Sie die beiden möglichen Fehlerarten beim Signifikanztest.

b) Entscheiden Sie, ob man beim Signifikanztest beide Fehler exakt berechnen kann.

c) Erläutern Sie, wovon die Fehlerwahrscheinlichkeit 2. Art beim Signifikanztest abhängt.

4. Signifikanztest

Mit einem Signifikanztest soll die Vermutung überprüft werden, dass eine Münze gefälscht ist und die Wahrscheinlichkeit für einen Kopfwurf erniedrigt ist.

a) Stellen Sie die beiden Hypothesen auf.

b) Entscheiden Sie, ob ein rechts- oder ein linksseitiger Test vorliegt.

5. Hat ein Hypothesentest Beweiskraft?

Es wird vermutet, dass der Stimmenanteil einer Partei, der zuletzt 40 % betrug, nun gesunken ist. Hierzu werden 100 Personen befragt. Äußern mehr als 40, dass sie für die Partei stimmen würden, so wird die Vermutung verworfen.

a) Stellen Sie die Hypothesen auf. Formulieren Sie die Entscheidungsregel.

b) Entscheiden Sie, ob es sich um einen rechts- oder einen linksseitigen Signifikanztest handelt.

c) Bei der Durchführung des Tests geben nur 30 Personen an, für die Partei gestimmt zu haben. Geben Sie an, welche Entscheidung getroffen wird. Beurteilen Sie, ob damit die Vermutung bewiesen ist.

6. Bedeutung des Größe des Signifikanzniveaus

Erläutern Sie, was ein Signifikanzniveau von 5 % bedeutet, wenn man den Test 100-mal durchführt.

7. Alternativtest

Betrachtet wird ein Alternativtest mit den Hypothesen H_0: $p = p_0$ und H_1: $p = p_1$.
Dabei gelte $p_0 < p_1$. K sei die kritische Zahl des Tests. Die Stichprobe habe den Umfang n.
X sei die Trefferzahl in der Stichprobe.

a) Geben Sie an, ob die kritische Zahl K zum Annahmebereich oder zum Verwerfungsbereich von H_0 gehört.

b) Geben Sie Annahmebereich und Verwerfungsbereich von H_0 jeweils als Menge an.

c) Formulieren Sie die Entscheidungsregel des Tests.

d) Beschreiben Sie, was man unter einem Fehler 1. Art bzw. unter einem Fehler 2. Art versteht.

e) Bei der Auswertung einer Stichprobe ergibt sich für die Trefferzahl der Wert $X = K + 2$. Entscheiden Sie, ob die Nullhypothese H_0 angenommen oder verworfen wird.

8. Signifikanztest

Betrachtet wird ein Signifikanztest mit den Hypothesen H_0: $p = p_0$ und H_1: $p < p_0$.
K sei die kritische Zahl des Tests. X sei die Trefferzahl in der Stichprobe des Tests.

a) Geben Sie an, ob die kritische Zahl K zum Annahmebereich oder zum Verwerfungsbereich von H_0 gehört.

b) Geben Sie Annahmebereich und Verwerfungsbereich von H_0 jeweils als Menge an.

c) Entscheiden Sie, ob es sich bei dem Test um einen rechtsseitigen oder einen linksseitigen Test handelt.

d) Formulieren Sie die Entscheidungsregel des Tests.

e) Beschreiben Sie, was man unter einem Fehler 1. Art bzw. unter einem Fehler 2. Art versteht.

f) Bei der Auswertung einer Stichprobe ergibt sich für die Trefferzahl der Wert $X = \frac{3}{2}K$. Entscheiden Sie, ob die Nullhypothese H_0 angenommen oder verworfen wird.

9. Fehler beim Signifikanztest

Ein Signifikanztest hat die Hypothesen H_0: $p = p_0$ und H_1: $p < p_0$.
Der Stichprobenumfang sei n. X sei die Anzahl der Treffer in der Stichprobe.
K sei die gegebene kritische Zahl des Tests.

a) Geben Sie die Annahmebereich und Verwerfungsbereich von H_0 jeweils als Menge an. Geben Sie sodann die Entscheidungsregel des Tests an.

b) Bestimmen Sie einen Term für die Fehlerwahrscheinlichkeit 1. Art. Dieser Term darf einen Wert der kumulierten Binomialverteilung F enthalten.

c) Lösen Sie die Aufgabenteile a) und b) nun für einen Signifikanztest mit den Hypothesen H_0: $p = p_0$ und H_1: $p > p_0$.

10. Richtig oder falsch

Entscheiden Sie, ob die Aussage richtig oder falsch ist. Begründen Sie ihr Resultat.

A: Das Signifikanzniveau α eines Tests gibt die maximale Größe der Fehlerwahrscheinlichkeit 1. Art an.

B: Die kritische Zahl K eines Tests gehört stets zum Annahmebereich der Hypothese H_0.

C: Ein Test kann nur dann als zuverlässig eingestuft werden, wenn er bei mehrmaliger Anwendung auch stets das gleiche Ergebnis liefert.

D: Bei gleichem Stichprobenumfang n gilt: Je kleiner die Fehlerwahrscheinlichkeit 1. Art eines Tests ausfällt, umso größer ist die Fehlerwahrscheinlichkeit 2. Art.

6. Schätzen von Wahrscheinlichkeiten

1. Standardabweichung

a) Geben Sie die Formel für die Standardabweichung σ einer binomialverteilten Zufallsgröße an. n sei die Länge der Bernoulli-Kette und p die Trefferwahrscheinlichkeit.

b) Beschreiben Sie, welche anschauliche Bedeutung die Standardabweichung σ hat. Verwenden Sie dazu die Skizze rechts.

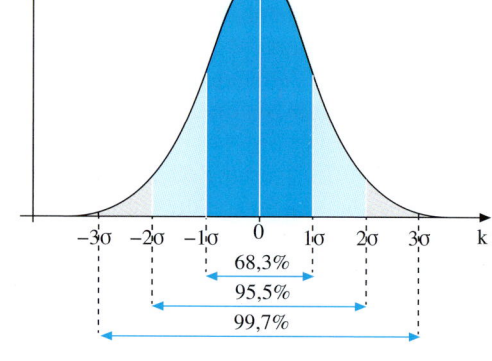

2. Sigmaregeln

Die Tabellen enthalten die sog. Sigmaregeln. Der Wert z gibt an, wie viele Standardabweichungen den Radius der Sigma-Umgebung ergeben. p gibt die Sicherheitswahrscheinlichkeit der Sigma-Umgebung an. Geben Sie die fehlenden Werte für z und p an.

z	p
	90%
1,96	
2,58	

z	p
1	68,3%
2	
	99,7%

3. Prognoseintervalle

a) Eine faire Münze wird n-mal geworfen. Die Anzahl X der Kopfwürfe interessiert. Beschreiben Sie an diesem Vorgang den Begriff des Prognoseintervalls und seiner Sicherheitswahrscheinlichkeit.

b) Geben Sie ein weiteres praktisches Anwendungsbeispiel für ein Prognoseintervall an.

c) Nennen Sie die Laplace-Bedingung für ein Prognoseintervall. Begründen Sie, weshalb die Laplace-Bedingung bei der Bestimmung eines Prognoseintervalls erfüllt sein muss.

d) Geben Sie die Formeln für die Grenzen des Prognoseintervalls an. Erläutern Sie die Bedeutung der Größen n, p und z, welche in den Formeln auftreten.

e) Erläutern Sie den Unterschied zwischen einem Prognoseintervall und einem Konfidenzintervall.

4. Richtig oder falsch

A: Eine binomialverteilte Zufallsgröße (n: Länge der Bernoulli-Kette; p: Trefferwahrscheinlichkeit) hat den Erwartungswert $\mu = n \cdot p$ und die Standardabweichung $\sigma = \sqrt{n \cdot p \cdot (p - 1)}$.

B: Mit einem Prognoseintervall schließt man von der Stichprobe auf die Grundgesamtheit.

C: Mit einem Prognoseintervall schließt man von der Grundgesamtheit auf die Stichprobe.

D: Ein Prognoseintervall bezeichnet man auch als Vertrauensintervall.

E: Je größer die Sicherheitswahrscheinlichkeit ist, umso kleiner ist das Prognoseintervall.

F: Je größer der Stichprobenumfang ist, umso kleiner ist das Prognoseintervall.

5. Konfidenzintervalle

a) Erklären Sie den Begriff des Konfidenzintervalls und das Verfahren zu seiner Bestimmung anhand des Beispiels einer Meinungsumfrage zur Abschätzung des unbekannten Stimmanteils p einer Partei.

b) Geben Sie die Formeln für die Intervallgrenzen eines Konfidenzintervalls an. Erläutern Sie die in der Formel auftretenden Größen n, h_n und z.

c) Geben Sie die Formel an für den Radius eines Konfidenzintervalls für die unbekannte Wahrscheinlichkeit p.

d) Wie lautet die Laplace-Bedingung für Konfidenzintervalle?

6. Umfrage

Ein Politiker möchte den aktuellen Stimmanteil seiner Partei unter den Wahlberechtigten Deutschlands feststellen lassen. Er beauftragt 20 Jugendliche der Jugendorganisation seiner Partei, ihre Eltern zu befragen. Aus den Ergebnissen wird ein Konfidenzintervall mit einem Konfidenzniveau von 68,3 % errechnet.

Diskutieren Sie das Vorgehen des Politikers unter statistischen Gesichtspunkten.

7. Veränderung des Durchmessers eines Konfidenzintervalls

Der Durchmesser eines Konfidenzintervalls hängt unter anderem von der Sicherheitswahrscheinlichkeit und vom Umfang n der Stichprobe ab. Geben Sie an, in welcher Weise man eine dieser beiden Größen verändern muss, um zu erreichen, dass der Durchmesser des Konfidenzintervalls kleiner wird.

8. Richtig oder falsch

A: Ein Konfidenzintervall wird auch als Vertrauensintervall bezeichnet.

B: Mit einem Konfidenzintervall schließt man von der Stichprobe auf die Grundgesamtheit.

C: Mit einem Konfidenzintervall schließt man von der Grundgesamtheit auf die Stichprobe.

D: Je größer der Umfang n der Stichprobe ist, umso genauer wird die Schätzung des Merkmalsanteils p in der Grundgesamtheit mit Hilfe eines Konfidenzintervalls.

E: Je größer der Stichprobenumfang n ist, umso kleiner ist bei gleicher Sicherheitswahrscheinlichkeit der Durchmesser eines Konfidenzintervalls.

F: Wird die Sicherheitswahrscheinlichkeit eines Konfidenzintervalls erhöht, so wird das Konfidenzintervall kleiner.

G: Vervierfacht man den Umfang n der Stichprobe, so verringert sich der Durchmesser des Konfidenzintervalls auf ein Viertel.

9. Unbekannte Zahl von Kieselsteinen schätzen

Der Vater von Calixt mischt in einer Zementmischmaschine eine große Zahl von Kieselsteinen. Er bietet Calixt eine Wette an: „Wenn du die Zahl der Steine in der Maschine innerhalb von 20 Minuten mit einer Genauigkeit von 50 % abschätzen kannst, dann erhöhe ich dein Taschengeld ab sofort". Calixt weiß, dass 20 Minuten niemals ausreichen würden, um die Steine zu zählen. Könnte er die Wette dennoch gewinnen?

7. Normalverteilte Zufallsgrößen

1. Normalverteilt?

Entscheiden Sie mit Begründung, ob die Zufallsgröße X stetig oder unstetig bzw. normalverteilt oder nicht normalverteilt bzw. annähernd normalverteilt ist.

a) X = Anzahl der Sechsen beim vierfachen Würfelwurf.

b) X = Anzahl der Sechsen beim hundertfachen Würfelwurf.

c) X = Höhe von zehnjährigen Buchen.

d) X = Zensuren einer Klasse mit 36 Schülern bei einer Klassenarbeit.

e) X = Reaktionszeit eines 16-jährigen Schülers als Tormann beim Elfmeter.

2. Sigmaregeln

Die Zufallsgröße X sei stetig und normalverteilt mit dem Erwartungswert $\mu = 80$ und der Standardabweichung $\sigma = 5$.

Bestimmen Sie folgende Wahrscheinlichkeiten.

Hinweis: Verwenden Sie die Sigmaregeln für die Normalverteilung.

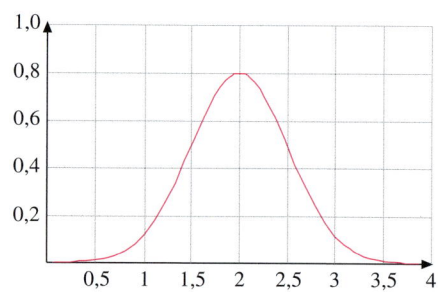

a) $P(X \leq 80)$ b) $P(X \geq 95)$ c) $P(80 \leq X \leq 85)$

d) $P(X = 85)$ e) $P(X > 85)$ f) $P(70 \leq X \leq 90)$

3. Sigmaregeln

Die Zufallsgröße X sei normalverteilt mit dem Erwartungswert $\mu = 10$ und der Standardabweichung $\sigma = 5$. Die Sigmaregeln für die Normalverteilung können verwendet werden.

a) Begründen Sie, dass die Zufallsgröße X auch negative Werte annehmen kann.

b) Bestimmen Sie folgende Wahrscheinlichkeiten: $P(X \leq 10)$ und $P(X \geq 25)$

4. Dichtefunktion der Normalverteilung

Die Abbildung zeigt den Graph der Dichtefunktion einer normalverteilten Zufallsgröße X. Bestimmen Sie näherungsweise μ und σ sowie die Wahrscheinlichkeit $P(1 \leq X \leq 2)$.

5. Dichtefunktion

Entscheiden Sie, welche der abgebildeten Kurven die Dichtefunktion einer normalverteilten Zufallsgröße mit dem Erwartungswert $\mu = 4$ darstellt.

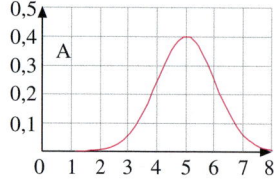 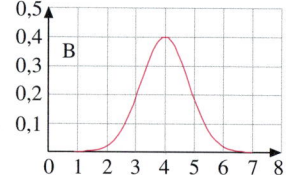 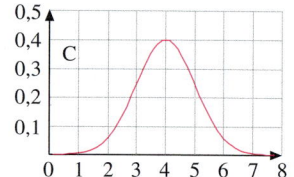

IV. Gemischte Aufgaben

1. Analysis

1. Gegeben sind die Funktionen $f(x) = x^3 + 4x$ und $g(x) = -x^3 + 6x^2$, $x \in \mathbb{R}$.
   a) Untersuchen Sie die Funktion f auf Nullstellen, Extrema, Wendepunkte und Symmetrie. Skizzieren Sie den Graph von f für $-3 \le x \le 3$.
   b) Untersuchen Sie die Funktion g auf Nullstellen, Extrema, Wendepunkte und Symmetrie. Skizzieren Sie den Graph von g für $-2 \le x \le 6$.
   c) Zeigen Sie, dass die Graphen von f und g über [0; 2] mit der x-Achse jeweils ein exakt gleich großes Flächenstück beranden. Bestimmen Sie auch dessen Inhalt.

2. Gegeben sind die Funktionen $f(x) = x^3 - 3x^2 + 2x$ und $g(x) = 2x - 2$, $x \in \mathbb{R}$.
   a) Zeigen Sie: f und g haben eine gemeinsame Nullstelle.
   b) Untersuchen Sie, an welchen Stellen die Abweichung $d = |f - g|$ ein lokales Maximum annimmt.
      Berechnen Sie, wie groß ist die Abweichung d an diesen Stellen ist.
   c) Zeigen Sie, dass die Tangenten an den Graphen von f an diesen Stellen parallel zum Graphen von g verlaufen.
   d) Zeigen Sie, dass $\int\limits_{0}^{2}(f(x) - g(x))\,dx = 0$ gilt.

      Interpretieren Sie dieses Ergebnis.
   e) Berechnen Sie, wie groß die von f und g über [0; 1] begrenzte Fläche ist.

3. Gegeben sind die lineare Funktion $f(x) = ax + b$, $x \le 0$, $a \ne 0$ und die Funktion g mit der Funktionsgleichung $g(x) = 0{,}5\,e^{-2x}$, $x \ge 0$.
   a) Berechnen Sie die Parameter a und b der Funktion f so, dass die Graphen von f und g an der Stelle $x = 0$ knickfrei ineinander übergehen.
   b) Berechnen Sie den Inhalt der vom Graphen von g und der x-Achse über dem Intervall [0; 10] begrenzten Fläche A.
   c) Begründen Sie, dass die Funktion g weder Extrema noch Wendepunkte besitzt.

4. Gegeben sind die Funktionen $f(x) = x^3 - x^2$ und $g(x) = -x^3 + x^2 + 4x$, $x \in \mathbb{R}$.
   a) Stellen Sie die Gleichung der Tangente t an den Graphen von f im Punkt $P(2|f(2))$ auf. Berechnen Sie die Steigung und den y-Achsenabschnitt von t.
   b) Berechnen Sie den Inhalt der von den Graphen von f und g eingeschlossenen Fläche A.

5. Gegeben ist die Funktionen der Form $f_a(x) = \sin(ax)$, a, $x \in \mathbb{R}$, $a \ne 0$.
   a) Geben Sie alle Nullstellen von f_a in Abhängigkeit von a an.
   b) Berechnen Sie, welche Steigung f_a in den Nullstellen hat.
   c) Untersuchen Sie, wie a gewählt werden muss, damit die Fläche eines Bogens von f_a den Inhalt 0,5 hat.

6. Gegeben ist die Funktion $f(x) = -x^3 + 3x$ $(x \in \mathbb{R})$.
Ihr Graph ist rechts abgebildet.

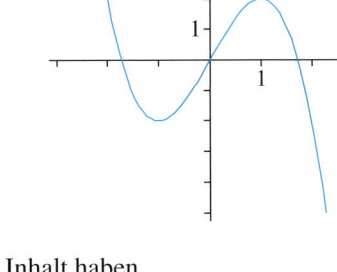

a) Zeigen Sie: f hat die Extrempunkte $T(-1|-2)$ und $H(1|2)$ und den Wendepunkt $W(0|0)$.

b) Bestimmen Sie die Gleichung der Wendetangente.

c) Skizzieren Sie den Graphen von f'. Verwenden Sie hierzu die Ergebnisse aus a) und b).

d) Ein achsenparalleles Rechteck mit einer Ecke im Ursprung und der gegenüberliegenden Ecke P auf dem Graphen von f im 1. Quadranten soll maximalen Inhalt haben. Berechnen Sie die x-Koordinate des Punktes P.

7. Gegeben ist die Funktion $f(x) = x^3 + 3x$ $(x \in \mathbb{R})$.

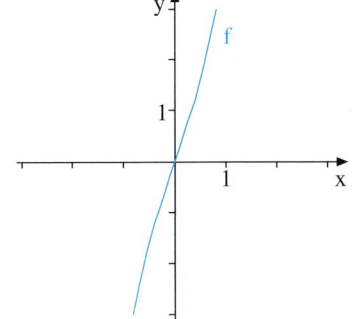

a) Begründen Sie:
  I. Der Graph von f ist symmetrisch zum Ursprung.
  II. Es gilt: $f(x) < 0$ für $x < 0$ und $f(x) > 0$ für $x > 0$.

b) Berechnen Sie den Inhalt der Fläche unter dem Graphen von f über dem Intervall $[0; 1]$.

c) Untersuchen Sie, um wie viel man den Graphen von f in y-Richtung verschieben muss, damit der Flächeninhalt aus b) ganzzahlig wird.

d) Zeigen Sie:
  f ist streng monoton steigend für $x \in \mathbb{R}$.

e) Untersuchen Sie, für welche x-Werte die Steigung von f kleiner als 30 ist.

8. Gegeben ist die Funktion $f(x) = x \cdot e^{1+x}$, $x \in \mathbb{R}$.

a) Berechnen Sie die ersten beiden Ableitungen f' und f''.

b) Berechnen Sie das lokale Extremum sowie seine Art (Hoch- oder Tiefpunkt).

c) Berechnen Sie den Wendepunkt von f (ohne f''').

d) Leiten Sie aus der Bauart von f, f' und f'' einen möglichen Term für eine Stammfunktion $F(x)$ her und bestätigen ihn durch Differentiation (Kontrolle: $F(x) = (x-1) \cdot e^{1+x}$).

e) Berechnen Sie $\int_0^1 f(x) \, dx$.

9. Gegeben ist die Funktion $f(x) = (2 + x) \cdot e^{-x}$, $x \in \mathbb{R}$.

a) Berechnen Sie f' und f'' und leiten Sie durch einen Vergleich einen möglichen Term für eine Stammfunktion von f her. Überprüfen Sie dann ihr Resultat durch Differentiation.
Kontrollergebnis: $F(x) = (-x - 3) \cdot e^{-x}$
Geben Sie eine weitere Stammfunktion von f an, die durch den Punkt $P(0|0)$ geht.

b) Der Graph von f schneidet die Koordinatenachsen bei $x = -2$ und $y = 2$.
Weiter gilt: $f'(-1) = 0$ und $f''(-1) < 0$.
Skizzieren Sie mit dieser Information den Graphen von f in ein Koordinatensystem.

c) Ein achsenparalleles Dreieck mit einer Ecke im Ursprung und der gegenüberliegenden auf dem Graphen von f im 2. Quadranten soll maximalen Inhalt erhalten. Stellen Sie eine Zielfunktion auf und geben Sie den Funktionsterm an.

10. Gegeben sind die Funktionen $f(x) = x^3 + 4x$ und $g(x) = -x^3 + 6x^2$, $x \in \mathbb{R}$.

a) Stellen Sie die Gleichung der Tangente t an den Graphen von f im Punkt $P(1|f(1))$ auf. Berechnen Sie die Steigung und den y-Achsenabschnitt von t.

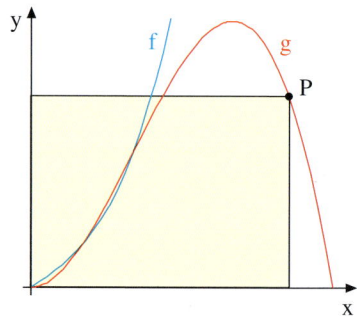

b) Berechnen Sie die Schnittstellen von f und g.
(Kontrolle: $x_1 = 0$, $x_2 = 1$, $x_3 = 2$.)

c) Berechnen Sie den Inhalt der durch die Graphen von f und g eingeschlossenen Fläche.

d) Ein achsenparalleles Rechteck mit einer Ecke im Ursprung und der gegenüberliegenden Ecke P auf dem Graphen von g im ersten Quadranten soll maximalen Inhalt haben. Berechnen Sie die x-Koordinate von P.

11. Der Graph der Funktion $f(x) = 0{,}5\,x + 1$ rotiert über dem Intervall $[0; 2]$ um die x-Achse und erzeugt so einen Rotationskörper. Berechnen Sie das Volumen dieser Körpers.

12. Die Parabel $f(x) = x^2 - 1$ rotiert über dem Intervall $[0; 1]$ um die x-Achse und erzeugt so eine halbkugelartige Schale.

a) Berechnen Sie das Volumen des Rotationskörpers.

b) Geben Sie an, in welchem Verhältnis das Rotationsvolumen zu dem einer Halbkugel mit dem Radius $r = 1$ (Kugelvolumen: $V_k = \frac{4}{3}\pi r^3$) steht.

13. Gegeben ist die Funktion $g(x) = \cos x$.

a) Berechnen Sie den Inhalt der Fläche unter dem Graphen von f über dem Intervall $[0; \pi]$.

b) Zeigen Sie durch eine Differentiation, dass $F(x) = \frac{1}{2}(x + \sin x \cdot \cos x)$ eine Stammfunktion von $f(x) = (\cos x)^2$ ist. Berechnen Sie dann das Rotationsvolumen von g bei Rotation über $[0; \pi]$ um die x-Achse.

14. Die Funktion $f(x) = \sin x$ beschreibt für $[0; \pi]$ den Kurvenbogen einer Landstraße. Diese soll an den Enden jeweils durch eine gerade Straße knickfrei fortgesetzt werden. Berechnen Sie die beiden Geradengleichungen.

15. Gegeben ist die Funktion $f(x) = 2\,e^{0,5\,x}$ für $x < 0$. Bestimmen Sie eine Gleichung der Geraden g, die knickfrei bei $x = 0$ für $x \geq 0$ an f anschließt.

16. Gegeben ist die Funktionenschar $f_a(x) = \frac{1}{3}x^3 - (1 + a)x^2 + 4\,a\,x$, $a > 0$.
   a) Berechnen Sie, an welchen Stellen möglicherweise Extrema liegen könnten.
   b) Berechnen Sie die Wendestelle von f_a und begründen Sie deren Existenz.
      Untersuchen Sie, für welchen Wert von a die Wendetangente die Steigung -1 hat.
   c) Untersuchen Sie, für welchen Wert für a die Extrema zu einem Wendepunkt mit waagerechter Tangente zusammenrutschen.

17. Gegeben ist die Funktionenschar $f_a(x) = x^3 - 3\,a^2\,x$.
   a) Untersuchen Sie f_a auf Symmetrie und berechnen Sie die Nullstellen von f_a.
   b) Berechnen Sie die Extrema von f_a.
   c) Zeigen Sie, dass der Wendepunkt von f_a unabhängig von a ist.
   d) Stellen Sie eine Gleichung der Wendenormalen von f_1 auf (Kontrolle: $n(x) = \frac{1}{3}x$).
      Berechnen Sie die Stellen, an denen die Wendenormale von f_1 den Graphen von f_1 schneidet.

18. Gegeben ist die Funktionenschar $f_a(x) = x^3 - 3\,a\,x^2 + 2$, $a > 0$.
   a) Berechnen Sie die Extrema von f_a.
   b) Berechnen Sie den Wendepunkt von f_a.
   c) Skizzieren Sie den Graphen von f_1.

19. Durch die Tabelle

x	2	4	6
y	2	3	7

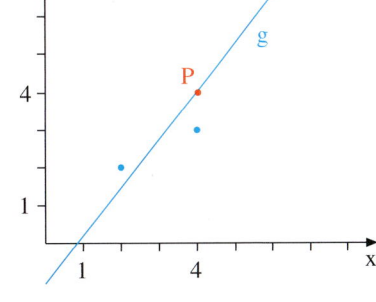

ist eine Punktwolke gegeben.
   a) Zeigen Sie, dass $P(4|4)$ der Schwerpunkt der Wolke ist.
   b) Die Regressionsgerade ist durch $g(x) = 1{,}25\,x - 1$ gegeben.
      Beschreiben Sie, durch welche beiden Eigenschaften die Regressionsgerade eindeutig bestimmt ist.
   c) Erstellen Sie Prognosen für y bei $x = 6$ und für x bei $y = 9$.

20. Eine ganzrationale Funktion f 3. Grades ist symmetrisch zum Ursprung, hat bei $x = 2$ ein Extremum und im Wendepunkt die Steigung -3.
Bestimmen Sie den Funktionsterm von f.

21. Gegeben sind die Funktionen $f(x) = 2\sin(\pi x)$, $g(x) = -\dfrac{9}{x^3}$ und $h(x) = \ln(0{,}5\,x)$, $x > 0$.

   a) Berechnen Sie die Ableitungen $f'(x)$, $g'(x)$ und $h'(x)$.

   b) Berechnen Sie die Schnittwinkel der Graphen von f und h mit der x-Achse.

   c) Untersuchen Sie, für welche x-Werte die Steigungen von g und h übereinstimmen.

   d) Berechnen Sie eine Stammfunktion $F(x)$ von f, deren Graph durch $P(0|0)$ geht.
      Berechnen Sie eine Stammfunktion $G(x)$ von g, deren Graph durch $Q(1|0)$ geht.

22. In einem Geopark wurden 10 Mufflons ausge-
   wildert. Ihre Populationsgröße in Abhängigkeit
   von der Zeit t (in Jahren) kann durch die Funktion h modelliert werden.
   Dabei soll die Funktion h folgende Eigenschaften erfüllen:

   I. Die Populationsgröße ist durch den Maximal-
      bestand von $N = 100$ begrenzt.

   II. Der Jahreszuwachs $\Delta N = h(t+1) - h(t)$ ist
      proportional zu $100 - h(t)$.

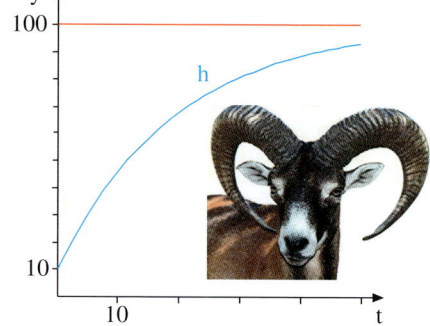

   a) Zeigen Sie, dass die Funktion
      $h(t) = 100 - 90 \cdot 0{,}95^t$ als Modell geeignet ist.

   b) Nach welcher Zeit t sind 90 % des Maximalbestandes erreicht? Beschreiben Sie t durch
      eine Gleichung.

23. Gegeben ist die Funktionenschar $f_a(x) = a \cdot e^{-x}$ $(a, x \in \mathbb{R},\ a \neq 0)$.
   Die Gleichung der Tangente an f_a im Punkt $P(1|f_a(1))$ ist durch $t(x) = -x + b$ $(b \in \mathbb{R})$ gegeben.
   Berechnen Sie die Werte der Parameter a und b.

24. Gegeben ist die Funktion $f(x) = x - \dfrac{1}{x}$, $x \in \mathbb{R}$.

   a) Geben Sie den Definitionsbereich und die Nullstellen von f an.

   b) Zeigen Sie, dass f weder Extrema noch Wendepunkte besitzt.

   c) Berechnen Sie den Inhalt der Fläche A, die von den Graphen von f und $g(x) = x$ über [1;
      e] begrenzt wird.

25. Zum Zeitpunkt $t = 0$ werden einige Fische in einen zunächst fischlosen Teich gegeben.
   Der Populationsbestand kann durch die Funktion $h(x) = 90 - 60 \cdot \left(\dfrac{1}{2}\right)^t$ (t in Jahren) modelliert
   werden.

   a) Geben Sie den Anfangs- sowie den Grenzbestand an.

   b) Untersuchen Sie, in welchem Jahr die Population erstmals einen Bestand von 84 Fischen
      übersteigt.

26. Gegeben ist die Funktion $f(x) = x - \ln x$.

a) Geben Sie den Definitionsbereich der Funktion f an.

b) Zeigen Sie, dass $x = 1$ die einzige Stelle mit waagerechter Tangente für f ist.

c) Zeigen Sie, dass f links von $x = 1$ beliebig steil (negativ) werden kann. Berechnen Sie, an welche Stelle f die Steigung $m = -100$ besitzt.

d) Zeigen Sie, dass die Steigung von f rechts von $x = 1$ eine Obergrenze besitzt, an die m beliebig dicht angenähert werden kann.
Geben Sie diese Obergrenze an.

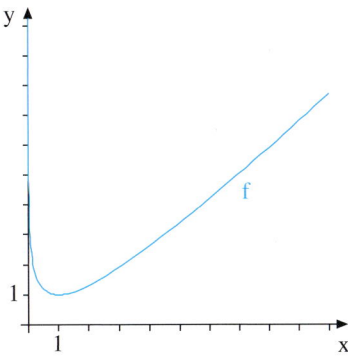

27. Gegeben ist die Funktion $f(x) = (x - 1) \cdot e^{1-x}$, $x \in \mathbb{R}$.

a) Berechnen Sie die ersten beiden Ableitungen $f'(x)$ und $f''(x)$.

b) Berechnen Sie das einzige Extremum und seine Art (Hoch- oder Tiefpunkt). Bestimmen Sie außerdem den Wendepunkt. Auf die Überprüfung mittels f''' kann verzichtet werden.

c) Leiten Sie durch einen Vergleich von f, f' und f'' einen möglichen Term für eine Stammfunktion $F(x)$ von $f(x)$ her und bestätigen Sie ihn durch Differentiation.
Kontrollergebnis: $f(x) = -x \cdot e^{1-x}$

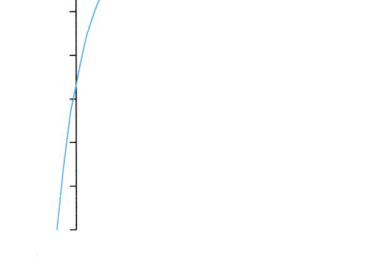

d) Berechnen Sie den Inhalt der Fläche, die sich zwischen der x-Achse und dem Graphen von f ins Unendliche erstreckt.

28. Gegeben ist die Funktionenschar
$f_a(x) = (2x + a) \cdot e^{-x}$, $a, x \in \mathbb{R}$, $a \neq 0$.
Abgebildet ist ein Graph der Schar.

a) Berechnen Sie den Parameter a des abgebildeten Graphen.

b) Durch $g_a(x) = f_a(-x)$ ist eine weitere Schar definiert. Beschreiben Sie, wie diese Schar aus der Schar f_a entsteht und skizzieren Sie g_a für den abgebildeten Graphen.

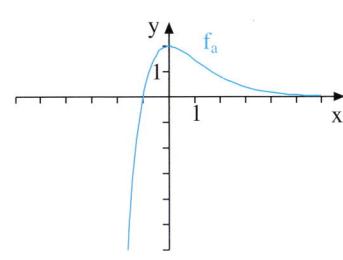

c) Zeigen Sie rechnerisch, dass alle Graphen der Schar f_a bei $x_0 = 1 - \frac{a}{2}$ eine waagerechte Tangente besitzen.

29. Gegeben sind die Funktionen $f(x) = x^2 - 2x + 2$, $x \le 0$ und $g(x) = a \cdot e^{bx}$, $x \ge 0$.

a) Berechnen Sie die Parameter a und b so, dass die Graphen beider Funktionen bei $x = 0$ knickfrei aneinander anschließen.

b) Entscheiden Sie, welche der drei Abbildungen den Graph von $h(x) = 2 \cdot e^{-x}$ darstellt.

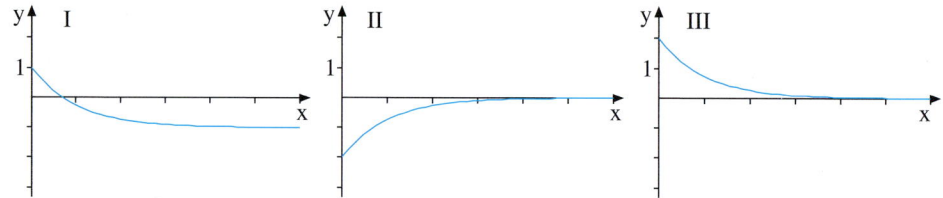

c) Berechnen Sie den Inhalt der von den Koordinatenachsen und dem Graphen von h nach rechts unbegrenzt eingeschlossenen Fläche.

30. Gegeben ist die Funktionenschar $f_a(x) = x^3 - 3ax^2 + 2$.

a) Berechnen Sie die Extrema von f_a.

b) Berechnen Sie die Ortskurve der Tiefpunkte von f_a.

c) Der Graph von f_1 soll längs der x-Achse um eine Einheit nach links verschoben werden. Zeigen Sie rechnerisch, dass so der Graph der Funktion $g(x) = x^3 - 3x$ entsteht.

31. Quadratische Regression

Durch die Tabelle

x	0	2	5	7
y	0	1	4	6

ist eine Punktwolke gegeben.

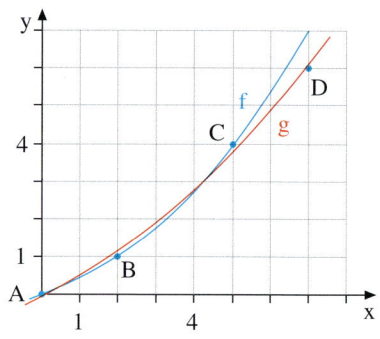

a) Die quadratische Funktion f ist so gewählt, dass ihr Graph exakt durch die Punkte A, B und C geht. Stellen Sie für den Funktionsterm von f einen passenden Ansatz auf und berechnen Sie die Koeffizienten.

b) Die quadratische Funktion g ist die quadratische Regressionsfunktion zu den vier Punkten A, B, C und D der Punktwolke. Begründen Sie, warum der durch die Punktwolke dargestellte Zusammenhang durch die Funktion g genauer erfasst wird als durch die Funktion f.

32. Gegeben ist die Funktion $f(x) = \frac{1}{x}$, $x \ge 1$.

a) Berechnen Sie den Inhalt der Fläche A unter f über dem Intervall $[1; k]$, $k > 1$.

b) Der Graph von f rotiert über dem Intervall $[1; k]$ um die x-Achse. Berechnen Sie den Inhalt des so entstehenden Rotationskörpers.

c) Bilden Sie für Ihre Ergebnisse aus a) und b) jeweils den Grenzwert für $k \to \infty$.

2. Lineare Algebra und analytische Geometrie

1. a) Berechnen Sie die eindeutige Lösung des linearen Gleichungssystems.

$$\text{I: } 2x - y + 3z = 4$$
$$\text{II: } 4x + 2y - 6z = 0$$
$$\text{III: } 6x - y - 3z = -1$$

b) Berechnen Sie die Lösungsmenge des LGS, das aus den Gleichungen I und II besteht. Entscheiden Sie, ob es eine Lösung $(x; y; z)$ mit $x > 0$, $y > 0$ und $z > 0$ gibt.

2. Geben Sie alle Paare paralleler Vektoren an.

$$\begin{pmatrix} 2 \\ 3 \\ -2 \end{pmatrix}, \begin{pmatrix} 4 \\ 6 \\ 4 \end{pmatrix}, \begin{pmatrix} 3 \\ 3 \\ -2 \end{pmatrix}, \begin{pmatrix} -6 \\ -2 \\ 8 \end{pmatrix}, \begin{pmatrix} -3 \\ -2 \\ 4 \end{pmatrix}, \begin{pmatrix} -1 \\ -1,5 \\ 1 \end{pmatrix}, \begin{pmatrix} -1,5 \\ -1,5 \\ 1 \end{pmatrix}, \begin{pmatrix} 4 \\ 4/3 \\ -16/3 \end{pmatrix}, \begin{pmatrix} 1 \\ 1,5 \\ 1 \end{pmatrix}, \begin{pmatrix} 12 \\ 8 \\ -16 \end{pmatrix}$$

3. Zwei der drei Vektoren $\vec{a}$, $\vec{b}$ und $\vec{c}$ sind orthogonal zueinander. Entscheiden Sie, um welche Vektoren es sich handelt.

a) $\vec{a} = \begin{pmatrix} 2 \\ 3 \end{pmatrix}$, $\vec{b} = \begin{pmatrix} 3 \\ 2 \end{pmatrix}$, $\vec{c} = \begin{pmatrix} 6 \\ -4 \end{pmatrix}$

b) $\vec{a} = \begin{pmatrix} 1 \\ 3 \\ -2 \end{pmatrix}$, $\vec{b} = \begin{pmatrix} 2 \\ 1 \\ 3 \end{pmatrix}$, $\vec{c} = \begin{pmatrix} 2 \\ 2 \\ 4 \end{pmatrix}$

4. Entscheiden Sie, ob die Geraden g und h windschief, parallel oder sogar identisch sind oder sich schneiden. Fertigen Sie ein Schrägbild an.

a) $g: \vec{x} = \begin{pmatrix} 2 \\ 0 \\ 5 \end{pmatrix} + r \begin{pmatrix} 0 \\ 2 \\ -1 \end{pmatrix}$, $h: \vec{x} = \begin{pmatrix} 8 \\ 1 \\ 0 \end{pmatrix} + r \begin{pmatrix} -2 \\ 1 \\ 1 \end{pmatrix}$

b) g geht durch $A(0|0|0)$ und $B(0|2|6)$, h geht durch $C(2|2|0)$ und $D(2|3|3)$.

5. Prüfen Sie, ob das Dreieck ABC rechtwinklig ist. Entscheiden Sie auch, ob es gleichschenklig ist.

a) $A(2|2|2)$, $B(4|3|4)$, $C(3|4|4)$

b) $A(2|2|2)$, $B(4|5|0)$, $C(3|4|6)$

6. Prüfen Sie, ob der Punkt P auf der Geraden $g: \vec{x} = \begin{pmatrix} 2 \\ 0 \\ 3 \end{pmatrix} + r \begin{pmatrix} -1 \\ 2 \\ 3 \end{pmatrix}$ liegt.

a) $P(-1|4|9)$

b) $P(0,5|5|2)$

c) $P(-1|10 + 2a|12)$

7. Berechnen Sie die Schnittpunkte der Geraden $g: \vec{x} = \begin{pmatrix} 2 \\ 1 \\ 5 \end{pmatrix} + r \begin{pmatrix} 2 \\ -1 \\ -1 \end{pmatrix}$ mit den Koordinatenebenen. Zeichnen Sie ein Schrägbild.

8. Gegeben sind die Punkte $A(1|1|-1)$, $B(-1|1|1)$, $C(1|-1|1)$, $D(2|3|-1)$, $E(0|3|1)$ und $F(2|1|1)$. Die Dreiecke ABC und DEF sowie die Vierecke ABED, ADFC und BCFE begrenzen einen Körper.

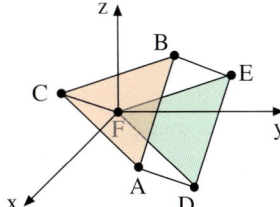

a) Untersuchen Sie, ob das Dreieck DEF durch eine Parallelverschiebung aus ABC hervorgeht. Geben Sie ggf. den Verschiebungsvektor an.

b) Zeigen Sie, dass die Innenwinkel des Dreiecks ABC gleich groß sind. Untersuchen Sie, ob diese Eigenschaft auch für die Schnittwinkel der Seitenflächen ABED, ADFC und BCFE gilt.

9. a) Zeigen Sie, dass das Dreieck ABC spitzwinklig ist.

    b) Weisen Sie nach, dass das Dreiecks ABC gleichschenklig ist.

    c) Gesucht ist ein Punkt D, so dass das Viereck ABCD ein Parallelogramm ist.

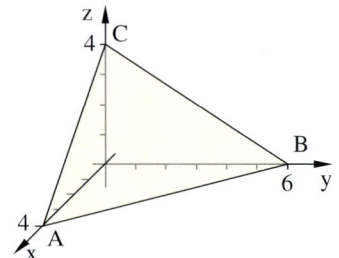

10. Gegeben sind die Ebene E: $\vec{x} = \begin{pmatrix} 3 \\ 1 \\ 3 \end{pmatrix} + r \begin{pmatrix} 1 \\ -1 \\ 0 \end{pmatrix} + s \begin{pmatrix} 4 \\ 0 \\ -3 \end{pmatrix}$ und die Gerade g: $\vec{x} = \begin{pmatrix} 5 \\ 5 \\ 7 \end{pmatrix} + t \begin{pmatrix} 3 \\ 3 \\ 4 \end{pmatrix}$.

    a) Berechnen Sie den Durchstoßpunkt E und g.

    b) Zeigen Sie, dass der Vektor $\vec{v} = \begin{pmatrix} 3 \\ 3 \\ 4 \end{pmatrix}$ senkrecht auf E steht.

    c) Der Punkt H(8|8|11) wird an der Ebene E gespiegelt. Berechnen Sie den Spiegelpunkt.

11. Gegeben ist die Strecke $\overline{AB}$ mit den Endpunkten A(3|0|1) und B(7|8|5). Entscheiden Sie, ob die Punkte P(4|2|2), Q(8|10|6) und R(5|4|4) auf der Strecke $\overline{AB}$ liegen.

12. Der abgebildete Würfel hat die Seitenlänge a = 6 m. Der senkrechte Stab hat den Fußpunkt Q(8|10|0) und ist 10 m hoch.

Licht aus Richtung des Vektors $\vec{v}$ wirft einen Schatten des Stabes auf den Würfel und den Boden. Bestimmen Sie die Punkte P′ und P″ und berechnen Sie die Gesamtlänge des Schattens.

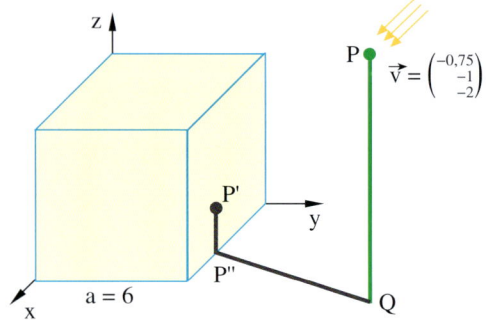

13. Die Gerade g: $\vec{x} = \begin{pmatrix} 5 \\ 5 \\ 5 \end{pmatrix} + t \begin{pmatrix} -3 \\ -1 \\ -2 \end{pmatrix}$ wird an der Ebene E durch die Punkte A(4|2|0), B(4|8|0), C(0|8|6) und D(0|2|6) gespiegelt. So entsteht die Spiegelgerade g′.

    a) Zeigen Sie, dass der Vektor $\vec{v} = \begin{pmatrix} 3 \\ 0 \\ 2 \end{pmatrix}$ senkrecht auf E steht.

    b) Berechnen Sie den Schnittpunkt S von E und g.

    c) Berechnen Sie den Spiegelpunkt T′ des Stützpunktes T(5|5|5) von g und die Gleichung von g′.

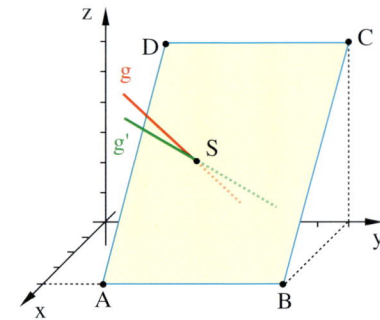

14. Prüfen Sie, ob das Viereck ABCD ein Trapez ist.
  a) A $(2|4|0)$, B $(4|8|0)$, C $(2|8|3)$, D $(1|6|3)$ b) A $(1|2|2)$, B $(3|8|1)$, C $(0|4|4)$, D $(1|7|2)$

15. Stellen Sie eine Gleichung der beschriebenen Ebene E auf und zeichnen Sie ein Schrägbild von E.
  a) E hat drei Spurpunkte X $(6|0|0)$, Y $(0|8|0)$ und Z $(0|0|4)$.
  b) E hat nur zwei Spurpunkte Y $(0|4|0)$ und Z $(0|0|4)$.
  c) E hat nur einen Spurpunkt Y $(0|4|0)$.

16. Gegeben ist das Dreieck ABC mit den Eckpunkten A $(6|3|1)$, B $(9|9|7)$ und C $(3|6|13)$.
  a) Ergänzen Sie einen Punkt D so, dass das Viereck ABCD ein Quadrat ist.
  b) Zeigen Sie: Der Vektor $\begin{pmatrix} 2 \\ -2 \\ 1 \end{pmatrix}$ steht senkrecht auf dem Quadrat.
  c) Geben Sie die Gleichung einer Geraden g an, die durch den Mittelpunkt M des Quadrates geht und senkrecht auf dem Quadrat steht.
  d) Berechnen Sie die beiden Punkte von g, welche den Abstand 36 vom Mittelpunkt M des Quadrates haben.

17. a) Ergänzen Sie das Dreieck ABC mit A $(0|0|8)$, B $(0|0|0)$ und C $(6|6|0)$ durch Hinzunahme eines Punktes D zu einem Rechteck ABCD.
  b) Zeigen Sie, dass der Vektor $\vec{v} = \begin{pmatrix} 1 \\ -1 \\ 0 \end{pmatrix}$ senkrecht auf dem Rechteck ABCD steht.
  c) Zeigen Sie, dass der Punkt S $(9|-3|4)$ auf der Geraden g liegt, die durch den Mittelpunkt M des Rechtecks geht und senkrecht zum Rechteck verläuft.
  d) Berechnen Sie das Volumen der Pyramide ABCDS mit der Grundfläche ABCD und der Spitze S.

18. *Lieber Herbert!*
  Rainer hat mir das Foto gegeben. Er sagte, dass der Stürmer aus 4 m Höhe geworfen hat. Es ist übrigens Wulf Tilkowski. Ich kann das gar nicht glauben. Kannst Du es überprüfen? Die beiden Scheinwerfer habe ich schon mal vermessen. Sie sind bei L_1 (4|1|6) und L_2 (2|6|8) aufgehängt.
  Erwarte Deine Nachricht.
  Gruß Friedhelm

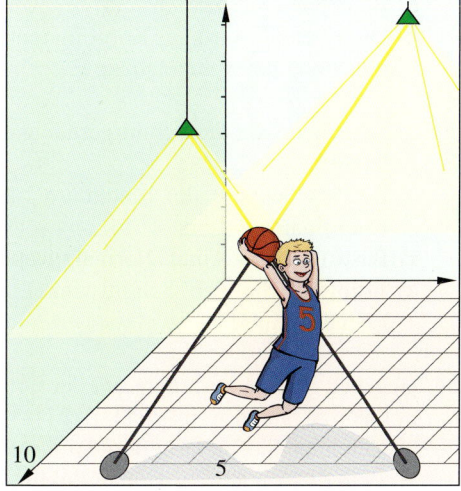

19. a) Weisen Sie nach, dass der Vektor $\vec{n}$ ein Normalenvektor der Ebene E ist.

b) Bestimmen Sie eine Koordinatengleichung der
Ebene E.

c) Berechnen Sie die Schnittpunkte der Ebene E mit
den Koordinatenachsen.

$$\vec{n} = \begin{pmatrix} 3 \\ 2 \\ -4 \end{pmatrix}$$

$$E: \vec{x} = \begin{pmatrix} 6 \\ 1 \\ 2 \end{pmatrix} + r \cdot \begin{pmatrix} 2 \\ 1 \\ 2 \end{pmatrix} + s \cdot \begin{pmatrix} 4 \\ 4 \\ 5 \end{pmatrix}$$

20. a) Ermitteln Sie eine Koordinatenform der Ebene E.

b) Bestimmen Sie die Gleichungen der Spurgeraden
der Ebene E.

c) Geben Sie eine Parametergleichung von E an.

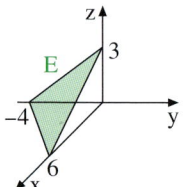

21. Gegeben ist die Ebene E: $x + 3y - 2z = 8$.

a) Begründen Sie, dass die Gerade g_1 parallel zur
Ebene E liegt.

b) Begründen Sie, dass die Gerade g_2 die Ebene E
orthogonal schneidet. Berechnen Sie den Schnittpunkt von g_2 und E.

c) Berechnen Sie den Schnittpunkt und den Schnittwinkel der Geraden g_3 mit der Ebene E.

$$g_1: \vec{x} = \begin{pmatrix} 4 \\ 1 \\ 3 \end{pmatrix} + r \cdot \begin{pmatrix} 1 \\ 1 \\ 2 \end{pmatrix}$$

$$g_2: \vec{x} = \begin{pmatrix} 4 \\ 8 \\ -4 \end{pmatrix} + r \cdot \begin{pmatrix} -1 \\ -3 \\ 2 \end{pmatrix}$$

$$g_3: \vec{x} = \begin{pmatrix} 1 \\ 1 \\ 7 \end{pmatrix} + r \cdot \begin{pmatrix} 1 \\ -1 \\ 2 \end{pmatrix}$$

22. Gegeben sind die Ebene E: $2x - 2y + z = 6$ sowie der Punkt $P(1|15|7)$.

a) Fällen Sie das Lot vom Punkt P auf die Ebene E und bestimmen Sie den Lotfußpunkt F.

b) Der Punkt P wird an der Ebene E gespiegelt. Ermitteln Sie die Koordinaten des Spiegel-
punktes P′.

c) Berechnen Sie den Abstand des Koordinatenursprungs von der Ebene E.

d) Die Ebene E wird am Koordinatenursprung gespiegelt. Bestimmen Sie die Koordinatengleichung der Spiegelebene E′.

23. a) Berechnen Sie die Schnittgerade g der Ebenen
E_1 und E_2.

b) Beschreiben Sie die besondere Lage von g im
Koordinatensystem.

c) Bestimmen Sie einen Normalenvektor von E_1.

d) Ermitteln Sie den Schnittwinkel zwischen den
Ebenen E_1 und E_2.

$$E_1: \vec{x} = \begin{pmatrix} 2 \\ -1 \\ 3 \end{pmatrix} + r \cdot \begin{pmatrix} 2 \\ 3 \\ -1 \end{pmatrix} + s \cdot \begin{pmatrix} 1 \\ 0 \\ 1 \end{pmatrix}$$

$$E_2: x + y + z = 5$$

24. Gegeben ist eine Pyramide mit der Grundfläche ABC und der Spitze S. Die Koordinaten der
Eckpunkte lauten $A(6|-6|1)$, $B(21|-4|5)$, $C(6|-10|3)$ und $S(11,5|-2|9)$.

a) Zeichnen Sie auf kariertem Papier ein Schrägbild der Pyramide. Weisen Sie nach, dass die
Grundfläche ABC ein rechtwinkliges Dreieck ist, und berechnen Sie dessen Flächeninhalt.

b) Berechnen Sie den Abstand der Spitze S von der Grundflächenebene E und anschließend
das Volumen der Pyramide.

25. Das Dach eines Gemüsestandes geht durch die Punkte A (0|0|4), B (6|0|3), C (6|6|3) und D (0|6|4). Von der Dachmitte M (3|3|3,5) ist eine gerade Halterung g in Richtung $\vec{v} = \begin{pmatrix} -1 \\ 0 \\ 1 \end{pmatrix}$ mit der Hauswand (y-z-Ebene) verbunden.

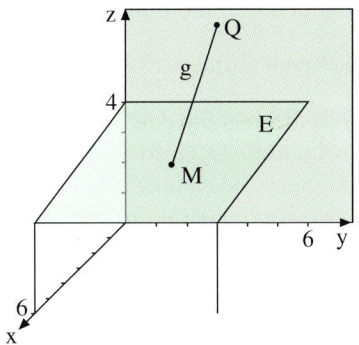

a) Stellen Sie eine Gleichung der Ebene E des Daches auf.

b) Zeigen Sie, dass alle fünf gegebenen Punkte in der Ebene E liegen.

c) Stellen Sie eine Gleichung der Halterungsgeraden g auf.

d) Berechnen Sie den Befestigungspunkt Q mit der Hauswand.

26. Gegeben sind die Gerade h durch die Punkte A (2|1|0), B (4|−1|−2) sowie die Geradenschar g_a durch die Punkte C (6|−2|−2) und D (a|2|2).

a) Stellen Sie die Gerade h sowie die Schar g_a jeweils durch eine Gleichung dar.

b) Zeigen Sie, dass sich die Geraden h und g_a für kein a schneiden.

c) Untersuchen Sie die Lagebeziehung der Geraden h und g_2.

d) Stellen Sie die durch die Geraden h und g_2 aufgespannte Ebene E durch eine Gleichung dar.

Kontrolle: E: $\vec{x} = \begin{pmatrix} 2 \\ 1 \\ 0 \end{pmatrix} + r \begin{pmatrix} 2 \\ -1 \\ 0 \end{pmatrix} + s \begin{pmatrix} 0 \\ 1 \\ 2 \end{pmatrix}$

e) Die Schnittpunkte der Koordinatenachsen mit der Ebene E bilden ein Dreieck. Weisen Sie nach, dass dieses Dreieck gleichschenklig ist, und geben Sie an, welche Innenwinkel gleich groß sind.

27. Die Ebene E schneidet die Koordinatenachsen in den Punkten X (4|0|0), Y (0|6|0) und Z (0|0|4).

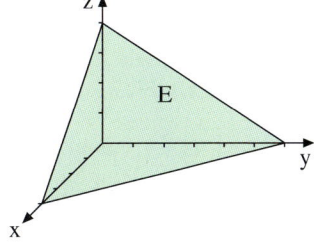

a) Stellen Sie die Ebene E durch eine Parametergleichung dar.

b) Berechnen Sie den Parameter a so, dass der Punkt P (a|12|−8) auf E liegt.

c) Zeigen Sie, dass das Dreieck XYZ spitzwinklig ist.

28. Gegeben ist die Gerade g: $\vec{x} = \begin{pmatrix} 1 \\ 0 \\ 3 \end{pmatrix} + r \begin{pmatrix} 2 \\ 1 \\ 2 \end{pmatrix}$ sowie der Punkt P (9|7|5).

a) Prüfen Sie, ob es einen Punkt auf der Geraden g mit gleichen Koordinaten Q (a|a|a) gibt.

b) Bestimmen Sie eine Gleichung der Geraden h durch P, die die Gerade g senkrecht schneidet. Geben Sie auch den Schnittpunkt S an.

c) Bestimmen Sie einen Punkt R auf der Geraden h, der von S die gleiche Entfernung wie der Punkt P hat.

29. Gegeben sind die Punkte $A(0|0|0)$, $B(4|0|8)$, $C(2|6|4)$ und $D_a(a|3|3a-2)$, $a \in \mathbb{R}$ sowie

die Ebene E mit der Gleichung $\vec{x} = r\begin{pmatrix} 0 \\ 1 \\ 0 \end{pmatrix} + s\begin{pmatrix} 1 \\ 0 \\ 2 \end{pmatrix}$, $r, s \in \mathbb{R}$.

   a) Berechnen Sie den Parameter a so, dass der Punkt D_a in der Ebene E liegt.
      Kontrolle $D_2(2|3|4)$
   b) Zeigen Sie rechnerisch, dass der Punkt D_2 im von den Vektoren $\overrightarrow{AB}$ und $\overrightarrow{AC}$ aufgespannten Parallelogramm liegt.
   c) Berechnen Sie den Abstand des Punktes D_2 vom Mittelpunkt des Parallelogramms.

30. Gegeben sind die Geraden g: $\vec{x} = \begin{pmatrix} -2 \\ -4 \\ 4 \end{pmatrix} + r\begin{pmatrix} 3 \\ 2 \\ -1 \end{pmatrix}$ und h: $\vec{x} = \begin{pmatrix} 3 \\ 0 \\ 5 \end{pmatrix} + s\begin{pmatrix} 1 \\ 1 \\ 1 \end{pmatrix}$, $r, s \in \mathbb{R}$.

   a) Zeigen Sie, dass sich g und h in $S(1|-2|3)$ schneiden.
   b) Die Geraden g und h liegen in einer Ebene E.
      Stellen Sie die Ebene E durch eine Parametergleichung dar.
      Zeigen Sie, dass die Ebene E die Koordinatenform $3x - 4y + z = 14$ besitzt.
   c) Lotrecht über S liegt der Punkt $P(-5|y|z)$. Berechnen Sie die Koordinaten y und z.
      Kontrolle: $P(-5|6|1)$
   d) Der Punkt P wird an der Ebene E gespiegelt. Berechnen Sie die Koordinaten des Bildpunktes P'.

31. Gegeben sind die Punkte $A(0|0|0)$, $B(6|6|0)$, $C(2|2|2)$ und $D_a(5-2a|2a+1|a)$, $a \in \mathbb{R}$ sowie die Ebene E: $2x - y - 3z = 0$.

   a) Berechnen Sie den Parameter a von D_a so, dass D_a in der Ebene E liegt (Kontrolle: $D_1(3|3|1)$).
   b) Zeigen Sie rechnerisch, dass D_1 im von den Vektoren $\overrightarrow{AB}$ und $\overrightarrow{AC}$ aufgespannten Parallelogramm liegt.
   c) Berechnen Sie den Abstand d des Punktes D_1 zum Mittelpunkt M des Parallelogramms.

32. Gegeben ist die Ebene E: $\vec{x} = r\begin{pmatrix} 2 \\ -1 \\ 1 \end{pmatrix} + s\begin{pmatrix} 2 \\ 2 \\ 3 \end{pmatrix}$, $r, s \in \mathbb{R}$.

   a) Zeigen Sie, dass E die Koordinatendarstellung $-5x - 4y + 6z = 0$ besitzt.
   b) Eine zu E parallele Ebene F schneidet die z-Achse bei $z = 1$.
      Stellen Sie eine Koordinatendarstellung von F auf.
   c) G: $\vec{x} = r\begin{pmatrix} 2 \\ -1 \\ 1 \end{pmatrix} + s\begin{pmatrix} x \\ y \\ z \end{pmatrix}$ soll eine zu E senkrechte Ebene darstellen.

      Berechnen Sie die Koordinaten des 2. Richtungsvektors von G.

33. Gegeben sind die Punkte $A(3|-3|1)$, $B(-1|1|1)$ und $C(-1|-3|5)$.
   a) Stellen Sie die Punkte in einem Koordinatensystem dar.
   b) Zeigen Sie, dass das Dreieck ABC gleichseitig ist.
   c) Das Dreieck ABC soll an der x-y-Ebene gespiegelt werden.

      Begründen Sie, dass $M = \begin{pmatrix} 1 & 0 & 0 \\ 0 & 1 & 0 \\ 0 & 0 & -1 \end{pmatrix}$ die Abbildungsmatrix darstellt, und berechnen Sie die

      Bildpunkte A', B' und C'.

34. Gegeben sind die Punkte A(1|1|2) und B(−2|2|4) sowie die Geraden

g: $\vec{x} = \begin{pmatrix} 1 \\ 1 \\ 2 \end{pmatrix} + r \begin{pmatrix} -3 \\ 1 \\ 2 \end{pmatrix}$ und h: $\vec{x} = \begin{pmatrix} 0 \\ 4 \\ 5 \end{pmatrix} + s \begin{pmatrix} 2 \\ 2 \\ 1 \end{pmatrix}$, r, s ∈ ℝ.

a) Zeigen Sie, dass die Punkte A und B auf der Geraden g liegen.

b) Berechnen Sie einen weiteren Punkt B′ der Geraden g, der den gleichen Abstand zu A hat wie der Punkt B.

c) Die Geraden g und h schneiden sich. Berechnen Sie ihren Schnittpunkt S.

d) Die Gerade g soll orthogonal in die x-y-Ebene projiziert werden. Zeigen Sie, dass

$M = \begin{pmatrix} 1 & 0 & 0 \\ 0 & 1 & 0 \\ 0 & 0 & 0 \end{pmatrix}$ die Abbildungsmatrix darstellt. Berechnen Sie die Bildgerade g′.

35. Gegeben sind die Vektoren $\vec{u} = \begin{pmatrix} 3 \\ 4 \\ -2 \end{pmatrix}$, $\vec{v} = \begin{pmatrix} -2 \\ 2 \\ 1 \end{pmatrix}$, $\vec{w} = \begin{pmatrix} 2 \\ -1 \\ 2 \end{pmatrix}$.

a) Zeigen Sie, dass $\vec{u}$ orthogonal zu $\vec{v}$ aber nicht zu $\vec{w}$ ist.

b) Gegeben sei ein weiterer Vektor $\vec{k} = \begin{pmatrix} 2 \\ -1 \\ z \end{pmatrix}$, z ∈ ℝ.

Zeigen Sie: Der Vektor $\vec{k}$ kann jeweils zu genau einem der Vektoren $\vec{u}$, $\vec{v}$, $\vec{w}$ orthogonal sein. Berechnen Sie die entsprechenden z-Werte.

36. I. Prüfen Sie, ob die Matrix M stochastisch ist.

a) $M = \begin{pmatrix} 1 & 0{,}5 \\ 0 & 0{,}5 \end{pmatrix}$ b) $M = \begin{pmatrix} 0{,}1 & 0 & 0{,}5 \\ 0{,}9 & 0{,}2 & 0 \\ 0 & 0{,}8 & 0{,}5 \end{pmatrix}$ c) $M = \begin{pmatrix} 0{,}3 & 0{,}4 & 0{,}3 \\ 0{,}3 & 0{,}2 & 0{,}4 \\ 0{,}3 & 0{,}4 & 0{,}3 \end{pmatrix}$ d) $M = \begin{pmatrix} 0{,}2 & 0{,}1 & 0{,}5 \\ 0{,}2 & 0{,}7 & 0{,}4 \\ 0{,}6 & 0{,}1 & 0{,}1 \end{pmatrix}$

II. Berechnen Sie, falls möglich, das Matrizenprodukt.

a) $\begin{pmatrix} 1 & 2 \\ 1 & 2 \end{pmatrix} \cdot \begin{pmatrix} 1 & 0 & 1 \\ 0 & 1 & 1 \end{pmatrix}$ b) $\begin{pmatrix} 1 & 1 & 0 \\ 1 & 0 & 1 \end{pmatrix} \cdot \begin{pmatrix} 1 & 1 \\ 0 & 2 \\ 2 & 0 \end{pmatrix}$ c) $\begin{pmatrix} 1 & 2 \\ 1 & 0 \end{pmatrix} \cdot \begin{pmatrix} 1 & 1 \\ 0 & 2 \\ -1 & 0 \end{pmatrix}$ d) $\begin{pmatrix} 2 & 0 & 0 \\ 1 & 1 & 0 \\ 0 & 0 & 3 \end{pmatrix} \cdot \begin{pmatrix} 2 & 1 & 0 \\ 3 & 0 & 5 \end{pmatrix}$

37. Rechts ist das Prozessdiagramm eines stochastischen Prozesses dargestellt. Es ist nicht vollständig.

a) Vervollständigen Sie das Diagramm.

b) Stellen Sie die Übergangsmatrix auf.

38. Begründen Sie, dass die Matrix $M = \begin{pmatrix} 0{,}1 & 0{,}6 \\ 0{,}9 & 0{,}4 \end{pmatrix}$ eine stochastische Matrix ist.

Berechnen Sie dann den Fixvektor $\vec{v}$, für den $M \cdot \vec{v} = \vec{v}$ gilt.

39. Lösen Sie das rechts dargestellte lineare Gleichungssystem.

$$2x - y + 2z = 10$$
$$3x - 2y + z = 3$$
$$4x + 2y - 3z = 1$$

40. Gegeben sind die Ebene E: $2x - y + 2z = 2$ und die Gerade g: $\vec{x} = \begin{pmatrix} 4 \\ -3 \\ 0 \end{pmatrix} + r \begin{pmatrix} 1 \\ 4 \\ 1 \end{pmatrix}$.

a) Zeigen Sie, dass die Gerade g parallel zur Ebene E verläuft.

b) Berechnen Sie den Abstand von Gerade g und Ebene E.

c) Die Gerade h ist die senkrechte Projektion der Geraden g in die Ebene E. Beschreiben Sie, mit Hilfe welcher Schritte man eine Gleichung von h ermitteln kann.

41. Gegeben sind die Ebenen E_1: $x - 2y + z = 2$ und E_2: $-2x + 4y - 2z = 26$.

a) Zeigen Sie, dass E_1 und E_2 parallel zueinander verlaufen.

b) Eine dritte Ebene E_3 ist ebenfalls parallel zu E_1 und E_2.
Ihr Abstand zu E_1 ist doppelt so groß wie ihr Abstand zu E_2.
Untersuchen Sie, ob die Ebene E_3 eindeutig bestimmt ist. Berechnen Sie E_3 in Koordinatenform.

42. Gegeben sind die Ebene E: $2x - 2y + z = 3$ sowie die Punkte $A(4|-4|5)$ und $B_a(a|-2a|a)$, $a \in \mathbb{R}$.

a) Berechnen Sie den Wert des Parameters a so, dass die Gerade g_a durch A und B_a parallel zur Ebene E verläuft. Geben Sie auch eine Darstellung von g_a an.

Kontrolle: g_a: $\vec{x} = \begin{pmatrix} 4 \\ -4 \\ 5 \end{pmatrix} + r \begin{pmatrix} 1 \\ 2 \\ 2 \end{pmatrix}$

b) Berechnen Sie den Abstand der Geraden g_a zur Ebene E.

43. Gegeben sind die Ebenen E_1: $\vec{x} = \begin{pmatrix} 1 \\ 0 \\ -2 \end{pmatrix} + r \begin{pmatrix} 2 \\ 1 \\ -2 \end{pmatrix} + s \begin{pmatrix} 3 \\ 1 \\ 0 \end{pmatrix}$, $r, s \in \mathbb{R}$ und E_2: $x + 2y + 2z = 4$.

a) Untersuchen Sie die Ebenen auf Orthogonalität.

b) Stellen Sie eine Gleichung der Geraden g auf, die durch den Punkt $P(2|5|5)$ geht und orthogonal zur Ebene E_2 ist.

c) Berechnen Sie die Punkte von g, die den Abstand 2 zur Ebene E_2 haben.

44. Gegeben sind die Ebenen E_1: $x + 2y = 6$ und E_2: $x + 2y + z = 6$.

a) Stellen Sie die Ebenen in einem Koordinatensystem dar.

b) Stellen Sie eine Gleichung der Schnittgeraden beider Ebenen auf.

c) Eine dritte Ebene E_3 ist parallel zur x-Achse und besitzt die gleiche Spurgerade in der y-z-Ebene wie die Ebene E_2. Stellen Sie eine Gleichung für E_3 auf.

45. Die Abbildung zeigt den Übergangsgraphen eines stochastischen Prozesses.

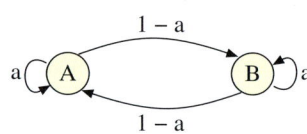

a) Geben Sie an, welche Werte a annehmen kann.

b) Geben Sie die Übergangsmatrix M an.

c) Begründen Sie, dass der Prozess einen eindeutigen Fixvektor $\vec{v}$ besitzt, für den $M \cdot \vec{v} = \vec{v}$ gilt. Berechnen Sie diesen Fixvektor $\vec{v}$.

d) Geben Sie die Grenzmatrix M^∞ an.

46. In einem Land konkurrieren die drei Parteien A, B und C um die Gunst der Wähler. Das abgebildete Diagramm beschreibt das Wechselverhalten der Wähler.

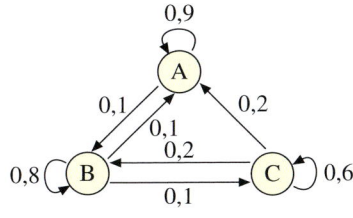

a) Stellen Sie die Übergangsmatrix N auf.
Geben Sie an, wofür die Diagonaleinträge von N stehen.

b) Ein Wähler hat zuletzt C gewählt. Stellen Sie den Zustandsvektor auf und bestimmen Sie, mit welchen Wahrscheinlichkeiten er sich für die einzelnen Parteien entscheiden wird.

c) Von einem weiteren Wähler ist bekannt, dass er sich bei der übernächsten Wahl mit den Wahrscheinlichkeiten $\vec{v}_2 = \begin{pmatrix} 0{,}64 \\ 0{,}22 \\ 0{,}14 \end{pmatrix}$ entscheiden wird. Stellen Sie eine Gleichung zur Berechnung der davorliegenden Wahrscheinlichkeiten $\vec{v}_1$ auf.

47. Rechts sind zwei Matrizen dargestellt.

$$M_1 = \begin{pmatrix} 1 & 0 & 0 \\ 0 & 1 & 0 \\ 0 & 0 & -1 \end{pmatrix}; \quad M_2 = \begin{pmatrix} 2 & 0 & 0 \\ 0 & 2 & 0 \\ 0 & 0 & 2 \end{pmatrix}$$

a) Beschreiben Sie, welche Abbildungen durch M_1 bzw. durch M_2 bewirkt werden.

b) Berechnen Sie eine Matrix M, die die Abbildungen von M_1 und M_2 gleichzeitig durchführt.

c) Gegeben ist die Strecke $\overline{AB}$ mit A $(2\,|\,1\,|\,1)$ und B $(0\,|\,3\,|\,2)$. Berechnen Sie die Bildpunkte A′ und B′ einmal durch Hintereinanderausführung von M_1 und M_2 und einmal durch M.

48. Die Strecke $\overline{AB}$ mit A $(1\,|\,4)$, B $(5\,|\,7)$ wird durch die lineare Abbildung $\vec{x}\,' = M \cdot \vec{x}$ auf die Strecke $\overline{A'B'}$ mit A′$(9\,|\,-3)$, B′$(19\,|\,-2)$ abgebildet. Berechnen Sie die Abbildungsmatrix M.

Ansatz: $M = \begin{pmatrix} a & b \\ c & d \end{pmatrix}$

49. Die Spiegelung an der Winkelhalbierenden $y = -x$ des 2. und 4. Quadranten ist eine lineare Abbildung in der Ebene.

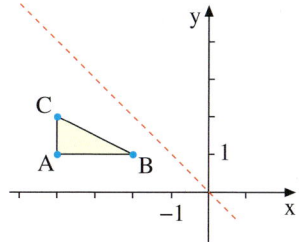

a) Berechnen Sie die Abbildungsmatrix M.

b) Berechnen Sie das Bild des eingezeichneten Dreiecks ABC.

50. Eine Parallelprojektion des Raumes auf eine Ebene E wird durch die Matrix M beschrieben.

$$M = \begin{pmatrix} -0{,}5 & -1 & 0{,}25 \\ 1{,}5 & 2 & -0{,}25 \\ 3 & 2 & 0{,}5 \end{pmatrix}$$

a) Berechnen Sie das Bild des Punktes P $(-1\,|\,1\,|\,2)$.

b) Geben Sie einen Projektionsvektor $\vec{m}$ an. Geben Sie auch eine Darstellung für alle Projektionsvektoren von M an.

c) Beschreiben Sie die inhaltliche Bedeutung der Lösungsmenge der Gleichung $M\,\vec{x} = x$.

3. Stochastik

1. Am Ende einer Klassenfahrt vergeben die 20 Schüler jeweils 1 bis 4 Sterne  an die Jugendherberge. Berechnen Sie die durchschnittliche Sternezahl für die Jugendherberge.

vergebene Sternezahl: 3 3 1 2 3 2 2 1 4 3 2 2 3 3 2 3 1 3 3 2

2. a) Die Bürger einer Kleinstadt leben in verschieden großen Haushalten. Bestimmen Sie an Hand der Tabelle die mittlere Haushaltsgröße.

Personenzahl	1	2	3	4	5
Haushalte	500	800	600	400	200

b) Das nebenstehende Diagramm beschreibt die Haushaltsgröße vor 10 Jahren. Bestimmen Sie auch hier die mittlere Haushaltsgröße.

5%   10%

25%	40%	20%	

einer zwei   drei   vier fünf

Personen

3. Abgebildet ist der Notenspiegel einer Klausur eines Kurses mit 20 Schülern. Bestimmen Sie die verdeckten Anzahlen.

1	2	3	4	5	6	7	8	9	10	11	12	13	14	15
0	0	0	0	1	0			0	6	0	1	1	0	1

20 Schüler
Durchschnitt: 9 Punkte

4. Die Tabelle gibt die Entrittspreise für ein Fußballstadion und die Anzahl der verkauften Karten in 100 an.

Kartenpreis in €	2	5	10
Kartenzahl	5	4	1

Berechnen Sie den Mittelwert sowie die Standardabweichung der Kartenpreise.

5. Triathletin Roswitha entscheidet jeden Tag auf gut Glück über ihre Trainingsgestaltung. Es stehen zur Auswahl: S – Schwimmen, R – Radfahren, L – Laufen und Y – Yoga. Am ersten Trainingstag der Saison macht sie kein Yoga. An allen weiteren Tagen wählt sie auf gut Glück jeweils aus den drei Disziplinen aus, die sie am Vortag nicht gewählt hatte. Sie möchte nun durch Simulation mit einem Würfel ermitteln, nach wie viel Tagen sie im Mittel jede der Disziplinen S, R und L mindestens einmal trainiert hat.
Beschreiben Sie ein mögliches Verfahren.

6. Eine fünfköpfige Familie stellt sich zu einem Gruppenfoto auf. Berechnen Sie, wie viele Möglichkeiten der Anordnung es gibt, wenn
a) alle sich in einer Reihe aufstellen,
b) die beiden Eltern hinter den drei Kindern stehen?

7. Ein Biathlet trifft beim Stehend-Schießen mit einer Wahrscheinlichkeit von 80%. Eine Serie besteht aus fünf Schüssen. Geben Sie als Term an, mit welcher Wahrscheinlichkeit die folgenden Ereignisse eintreten.

A: Alle Schüsse der Serie sind Treffer.   C: Die Serie wird mit vier Treffern beendet.

B: Nur der letzte Schuss ist kein Treffer.   D: Es werden mindestens vier Treffer erreicht.

8. Bei dem Spiel „Mensch ärgere dich nicht" benötigt der Spieler eine Sechs des Spielwürfels zur Eröffnung des Spiels. Dazu hat er drei Versuche. Stellen Sie einen Term zur Berechnung der Wahrscheinlichkeit auf, dass ein Spieler das Spiel schon in der ersten Runde eröffnen kann.

9. Bei einem Würfelspiel werden 2 Würfel geworfen. Zeigen beide Würfel eine der Zahlen von 1 bis 5, erhält der Spieler 5 Euro ausgezahlt. Zeigen beide Würfel die Sechs, werden sogar 10 Euro an den Spieler ausgezahlt. Der Einsatz beträgt 1 Euro. Die Zufallsgröße X beschreibt den Gewinn/Verlust des Spielers.

a) Geben Sie die Wahrscheinlichkeitsverteilung von X an.

b) Berechnen Sie den Erwartungswert der Zufallsgröße X als Bruch.

10. Bei einer Online-Umfrage unter 800 Schülern wird gefragt, ob sie einen Account bei Facebook bzw. bei Twitter haben. Das Ergebnis der Umfrage ist in der unvollständigen Vierfeldertafel erfasst.

F/T: Account bei Facebook/Twitter

	F	$\bar{\text{F}}$	
T	600		660
$\bar{\text{T}}$		40	
			800

a) Vervollständigen Sie die Vierfeldertafel.

b) Ein befragter Schüler hat einen Facebook-Account. Ermitteln Sie die Wahrscheinlichkeit, dass er ebenfalls einen Twitter-Account hat, als Bruch.

11. Eine Urne enthält 7 schwarze und 3 weiße Kugeln. Es werden 3 Kugeln mit Zurücklegen gezogen. Berechnen Sie, mit welcher Wahrscheinlichkeit

a) nur die 2. Kugel schwarz ist,   b) alle Kugeln weiß sind,

c) mindestens eine Kugel schwarz ist.

d) Beantworten Sie a) bis c), wenn die 3 Kugeln ohne Zurücklegen gezogen werden.

12. Bei einem Glücksspiel gewinnt man mit einer Wahrscheinlichkeit von $p = \frac{1}{5}$ aller Spiele.

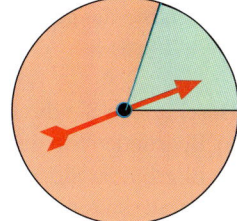

a) Formulieren Sie ein Ereignis, für das gilt:

$$P(A) = \left(\frac{4}{5}\right)^{10} + \binom{10}{1} \cdot \left(\frac{1}{5}\right) \cdot \left(\frac{4}{5}\right)^{9}.$$

b) Konrad spielt 4-mal. Bestimmen Sie, mit welcher Wahrscheinlichkeit er genau zweimal gewinnt. (Termangabe genügt)

13. Mit einem Würfel wird zweimal gewürfelt.

B ist das Ereignis: Die Augensumme beträgt höchstens vier.

A_n ist das Ereignis: Im ersten Wurf kommt die Augenzahl n.

Untersuchen Sie die Ereignisse A_n und B auf Unabhängigkeit.

14. a) Die Vierfeldertafel beschreibt die Sterbefälle der
  Patientienten zweier Krankenhäuser A und B.
  Vervollständigen Sie diese (v: verstorben).

	A	B	
v	32		80
$\overline{v}$			
	400		1000

  b) Untersuchen Sie, ob die Sterblichkeit vom Kranken-
  haus abhängt.
  Die Ereignisse A und B seien hier stochastisch unabhängig.
  c) Vervollständigen Sie die Vierfeldertafel.
  d) Bestimmen Sie die bedingte Wahrscheinlichkeit
  $P_{\overline{A}}(\overline{B})$.

	A	$\overline{A}$	
B			0,4
$\overline{B}$			
	0,2		1

15. Ordnen Sie den Bezeichnungen B (5; 0,2; k), B (5; 0,5; k), B (5; 0,7; k) und B (10; 0,2; k) die
  zugehörigen Diagramme zu.

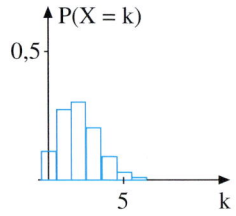
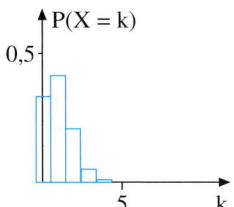
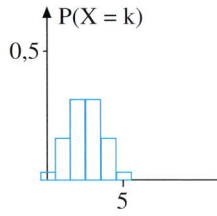
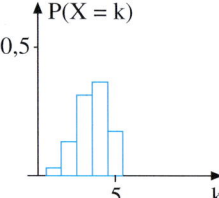

16. Berechnen Sie die Binomialterme.
  a) B (4; 0,5; 3)   b) F (4; 0,5; 1)

17. Eine Münze wird dreimal geworfen. Die Zufallsgröße X bezeichne die Zahl der Kopfwürfe.
  a) Bestimmen Sie die Wahrscheinlichkeitsverteilung von X.
  b) Zeichnen Sie ein Diagramm der Wahrscheinlichkeitsverteilung von X.
  c) Beschreiben Sie charakteristischen Eigenschaften der Verteilung.
  d) Bestimmen Sie den Erwartungswert sowie die Standardabweichung von X.

18. Gegeben sei eine binomialverteilte Zufallsgröße X mit den Parametern n, p, μ und σ.
  Berechnen Sie die jeweils fehlenden Parameter.
  a) p = 0,25; σ = 3   b) μ = 10; σ = 3   c) n = 16; σ = $\sqrt{3}$

19. Gegeben sei eine binomialverteilte Zufallsgröße X mit den Parametern n = 20 und p = 0,25.
  Stellen Sie die gesuchte Wahrscheinlichkeit durch einen B- bzw. F-Term dar.
  a) P (X = 5)   b) P (X ≥ 5)   c) P (5 ≤ X ≤ 15)

20. Beschreiben Sie die Eigenschaften des Diagrammes von B (11; 0,5; k). (Balkenanzahl = ?)
  a) Begründen Sie damit, dass F (11; 0,5; 5) = 0,5 gilt.
  b) Begründen Sie, dass B (11; 0,5; 5) < B (5; 0,5; 2) gilt.
  c) Verallgemeinern Sie die Aussage a).

21. Bei einer bundesweiten Lotterie beträgt die Wahrscheinlichkeit auf einen Gewinn 25 %. Eine
  Losverkaufsstelle verfügt über 1200 Lose.
  Berechnen Sie Prognoseintervalle für die Anzahl der Gewinnlose und den Anteil der Gewinn-
  lose bei der Verkaufsstelle mit einer Sicherheitswahrscheinlichkeit von 95,5 %.

22. In einer Urne liegen 25 rote, 15 blaue und 10 grüne
Kugeln.

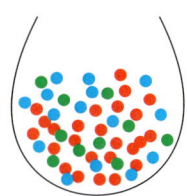

a) Es werden 4 Kugeln mit Zurücklegen gezogen.
Berechnen Sie, mit welcher Wahrscheinlichkeit
keine rote Kugel dabei ist (Angabe als Bruch).

b) Geben Sie an, wie viele grüne Kugeln der Urne
hinzugeführt werden müssen, damit die Wahrscheinlichkeit für das Ziehen einer grünen Kugel
0,5 beträgt.

23. Eine Zufallsgröße X sei binomialverteilt mit n = 100 und der Varianz $V(X) = \sigma^2 = 9$.

a) Berechnen Sie, welche Werte die Trefferwahrscheinlichkeit p, der Erwartungswert μ und
die Standardabweichung σ annehmen können.

b) Beschreiben Sie, wie sich die Werte für μ und σ ändern, wenn bei gleichbleibendem Wert
für p der Umfang n erhöht wird.

24. In einem Kurs befinden sich 12 Mädchen und 7 Jungen. Eins der 12 Mädchen heißt Lisa.

a) Zwei Schüler werden zufällig ausgewählt.
Berechnen Sie, mit welcher Wahrscheinlichkeit es zwei Mädchen bzw. zwei Jungen sind.

b) Eine Person wird ausgewählt, es ist ein Mädchen. Berechnen Sie, mit welcher Wahrscheinlichkeit es Lisa ist.

25. Beim zehnmaligen Würfelwurf sei die Zufallsgröße X die Anzahl der Sechsen.
Stellen Sie jeweils einen Term für die Wahrscheinlichkeiten folgender Ereignisse auf.

a) Es kommt genau dreimal eine Sechs.

b) Es kommen genau drei Sechsen und zwar hintereinander.

26. Zehn Skatkarten (5 Buben, 3 Könige, 2 Damen) liegen verdeckt auf einem Tisch.

a) Zwei Karten werden aufgedeckt. Stellen Sie die Situation in einem Baumdiagramm dar
und berechnen Sie die Wahrscheinlichkeiten folgender Ereignisse.
E_1: Es wird kein Bube aufgedeckt.
E_2: Es werden ein Bube und eine Dame aufgedeckt.

b) Nun wird nacheinander Karte um Karte aufgedeckt, bis erstmals ein Bube erscheint.
Die Zufallsgröße X gibt die Anzahl der aufgedeckten Karten an.
I. Geben Sie an, welche Werte X annehmen kann.
II. Berechnen Sie $P(X \leq 2)$.

27. Max hat in seiner Geldbörse drei deutsche 5-Cent-
Münzen, zwei italienische 5-Cent-Münzen und eine
spanische 5-Cent-Münze. Er entnimmt seiner Börse
so lange Münze für Münze, bis er eine deutsche
5-Cent-Münze erwischt.
Bestimmen Sie die Wahrscheinlichkeit dafür, dass
er höchstens drei Münzen entnimmt.

28. In einer Urne befinden sich doppelt so
viele rote Kugeln wie blaue Kugeln.

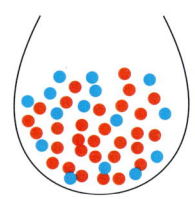

a) Formulieren Sie ein Zufallsexperiment und ein Ereignis A, für das gilt:

$$P(A) = \left(\frac{1}{3}\right)^{10} + 10 \cdot \frac{2}{3} \cdot \left(\frac{1}{3}\right)^{9} + \binom{10}{2} \cdot \left(\frac{2}{3}\right)^{2} \cdot \left(\frac{1}{3}\right)^{8}$$

b) Jemand entnimmt vier Kugeln mit
Zurücklegen. Berechnen Sie, mit
welcher Wahrscheinlichkeit es zwei
rote und zwei blaue Kugeln sind.

29. Zwei Freunde, Axel und Felix, haben
am Urlaubsende ihren Heimflug ver-
passt und hoffen im Anschlussflieger
noch mitzukommen. Dort sind tatsächlich noch 2 freie Plätze. Allerdings gibt
es noch acht weitere Mitbewerber. Die
Fluggesellschaft will die beiden Plätze
also per Losentscheid vergeben. Dazu
werden 10 Lose, 8 Nieten und 2 Gewin-
ne an die 10 Bewerber vergeben. Felix
zieht zuerst ein Los, dann zieht Axel,
dann die anderen.

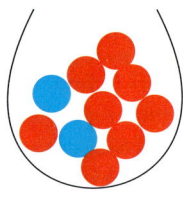

Berechnen Sie die Wahrscheinlichkeiten folgender Ereignisse.

a) Felix erhält einen der beiden freien Plätze.

b) Axel erhält einen der Plätze.

c) Mindestens einer der beiden erhält einen der Plätze.

d) Beide gehen leer aus und müssen auf den nächsten Flieger hoffen.

30. Die Zufallsgröße X ist binomialverteilt mit n = 8 und p = 0,3.

a) Entscheiden Sie, welches der beiden Diagramme die Wahrscheinlichkeitsverteilung von X
zeigt.
Geben Sie eine Begründung für Ihre Entscheidung.

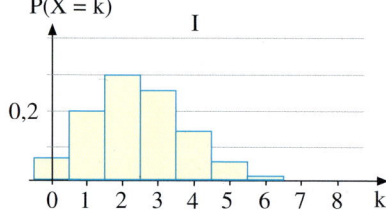 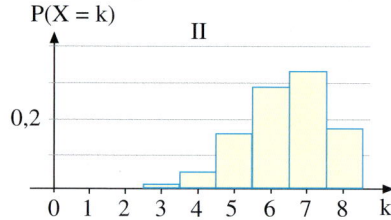

b) Beschreiben Sie, wie sich das Diagramm ändert, wenn p größer wird.

c) Bestimmen Sie anhand des korrekten Diagramms aus a) näherungsweise die Wahrscheinlichkeiten $P(0 < X < 3)$ und $P(X \neq 2)$.

31. Die Zufallsgröße X sei normalverteilt mit dem Erwartungswert $\mu = 60$ und der Standardabweichung $\sigma = 5$.
Berechnen Sie mit Hilfe der σ-Regeln für die Normalverteilung folgende Wahrscheinlichkeiten.

   a) $P(X \geq 60)$ b) $P(50 \leq X \leq 70)$ c) $P(75 \leq X)$

32. Bestimmen Sie anhand der Graphik folgende Wahrscheinlichkeiten angenähert.

   a) $P(X \geq 0)$

   b) $P(-0,5 \leq X \leq 0,5)$

   c) $P(1,5 \leq X \leq 2)$

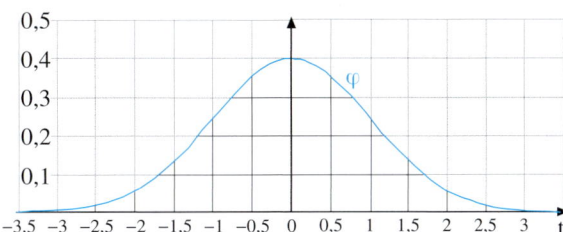

33. Gegeben sei eine binomialverteilte Zufallsgröße X mit dem Erwartungswert $\mu = 25$ und der Standardabweichung $\sigma = 5$. Geben Sie folgende Wahrscheinlichkeiten in der $\Phi(z)$-Darstellung an (d. h., berechnen Sie die entsprechenden z-Werte).

Näherungsformel von Moivre und Laplace
$$P(X \leq k) = \Phi\left(\frac{k + 0,5 - \mu}{\sigma}\right)$$

   a) $P(20 \leq X \leq 25)$ b) $P(X \leq 30)$ c) $P(X = 30)$

   d) Geben Sie an, welcher wesentliche Unterschied bei der z-Werteberechnung zu einer stetigen Normalverteilung besteht.

34. Gegeben sei eine Normalverteilung mit dem Erwartungswert $\mu = 6$ und der Standardabweichung $\sigma = 3$. Bestimmen Sie den Anteil der Fläche unter dem Graphen von φ, der im 2. Quadranten liegt.

35. Für eine Bernoulli-Kette der Länge n und der Trefferwahrscheinlichkeit p sei h_n die relative Trefferhäufigkeit. Für die Schätzung der unbekannten Trefferwahrscheinlichkeit p lauten die

Intervalle: $h_n - z \cdot \sqrt{\dfrac{h_n \cdot (1 - h_n)}{n}} \leq p \leq h_n + z \cdot \sqrt{\dfrac{h_n \cdot (1 - h_n)}{n}}$, $z = 1, 2$ bzw. 3.

   a) Entscheiden Sie, ob die Voraussetzung für die Anwendung der Formel für $n = 100$ und $h_n = 0,2$ erfüllt ist.

   b) Ermitteln Sie, ab welchem Stichprobenumfang n die Voraussetzung für die Anwendung der Formel bei einer relativen Trefferhäufigkeit von 10% erfüllt ist.

   c) Berechnen Sie, wie groß der Stichprobenumfang mindestens sein muss, damit das $95,5\%$-Konfidenzintervall bei einer relativen Trefferhäufigkeit von 30% einen Durchmesser von höchstens $0,2$ besitzt.

36. Ein Hersteller von Grillwürstchen weiß aus früheren Befragungen, dass in seiner Heimatstadt 80% der Käufer von Grillwürstchen seine Grillwürstchen bevorzugen. Um zu einer aktuellen Einschätzung zu kommen, lässt er eine neue Umfrage vornehmen. Die Hypothese $H_0: p = 80\%$ sieht er als bestätigt an, wenn von 100 Käufern von Grillwürstchen mehr als 71 und weniger als 89 seine Grillwürstchen bevorzugen.

   a) Erläutern Sie, welches Ereignis durch den Fehler 1. Art beschrieben wird.

   b) Prüfen Sie mit Hilfe der 2σ-Regel, ob der Test ein Signifikanzniveau von 5% besitzt.

Bildnachweis

Technische Zeichnungen
Cornelsen / Anton Bigalke, Wald-Michelbach

Illustrationen und Grafiken
Cornelsen / Detlev Schüler

Abbildungen
Cover I Shutterstock.com/Neirfy, **II** Cornelsen/Klein&Halm; **5** mauritius images/Westend61; **14** Shutterstock.com/Subodh Agnihotri; **17** mauritius images/age fotostock; **28** stock.adobe.com/mrjo_7; **29** mauritius images/Christian Bäck; **30 l.** Shutterstock.com/irin-k; **30 r.** Shutterstock.com/Konjushenko Vladimir; **32** stock.adobe.com/Ljupco Smokovski; **34** stock.adobe.com/Eduardo Estellez; **39** stock.adobe.com/Sonja Birkelbach; **41** Shutterstock.com/LaMiaFotografia; **46** Shutterstock.com/Stelian Ion; **51** Cornelsen/Anton Bigalke/Shutterstock.com/klemen gorup; **58** Shutterstock.com/rj lerich; **61** Shutterstock.com/Alex-505; **61 o. l. o. r.** Shutterstock.com/Claudio Divizia